池川明

笑う
お産

微笑生產筆記

前言

大家對生產有什麼印象呢？

很痛？很辛苦？有生命危險？

尚未體驗生產的人，光聽過來人的經驗，可能會覺得很恐怖，例如「好像把西瓜從鼻孔擠出來」、「截至目前為止，人生中最痛的經驗」等。

難道生產一定得歷經疼痛、飽受折磨嗎？

我除了婦產科醫生的工作，也持續調查寶寶在媽媽肚子裡的胎內記憶，常去日本各地演講，所以每天都會接觸到許多媽媽。

這些媽媽與我分享她們不可思議的生產經驗，例如：沒有感覺到陣痛，毫不費力就把寶寶生下來；生產過程非常輕鬆，生的時候還有力氣笑；完全不會不安，唯一的感想是這真的是很棒的生產經驗。

這完全顛覆了以往我們對生產的認知。以一句話來總結這種幸福的生產經驗，我想最貼切的就是「微笑生產」。

這些媽媽都處於絕佳的狀態，而且聽說生出來的寶寶都很健康，媽媽照顧起來很輕鬆。

那些媽媽並非身懷絕技，也不是特異功能人士。她們幾乎每一位都異口同聲地告訴我：「我覺得只要掌握技巧，每個女人都能經歷這種生產過程。」其中，也有人真的開班傳授輕鬆生產的訣竅，而接受指導的孕婦，據說皆親身體會了「微笑生產」。

聽到她們的分享，我忍不住納悶，「生產一定會痛、受折磨」的既定印象，究竟是從哪裡來的？我想，每位準媽媽都可以在笑聲中輕鬆迎接寶寶的誕生，只是有些人不知道方法罷了。

其實人們對生產的認知，已隨著時代改變。早年的婦女要生產，必須冒著很大的生命危險，喪命的情形也不少見。以日本而言，一九四〇年代，每年仍有四千位產婦死於難產；到了一九七五年左右，每一百個新生兒中，約有一至兩個小生命在出生前後殞落。因為產婦一進產房，可能就此與家人永別，所以有些家庭甚至會在醫院裡喝交杯水，當作最後的餞別。

不過，如今隨著醫療技術的提升，產婦和嬰兒的死亡率已經明顯下降。在生產過程中喪命的母親，目前的比例是每一百萬人中約有四十人，新生兒的死亡率也降至百分之一。雖然死亡的陰影尚未完全抹去，但是「生孩子像在搏命」這種情況已經是過去式了。

另外，我們對胎兒的認知也有了一百八十度的大轉變。大約二十年前，大家對胎兒的普遍認知是「腦部尚未發育，所以不具備感覺和情感，什麼都不懂」。但是日後的研究已經證實，腹中的胎兒具有感覺和情感。因此，人們開始重視透過「胎教」，與尚未出生的孩子溝通。

此外，隨著一九六〇年興起的催眠療法熱潮，「胎內記憶」的概念不再披著神祕的面紗。

我從一九九九年開始進行當時在日本幾乎沒有人知道的調查，主題是寶寶在生前和胎內的記憶。我進行了幾次調查，陸續有受訪的小朋友做出以下回應：「我那時在媽媽的肚子裡游泳喔，好舒服！」「我原本坐在雲朵上，往下看到很多女人。讓我覺得『就是妳』的人，後來成為了我的媽媽。是我自己跑到媽媽的肚子裡的。」「我覺得媽媽看起來好像很寂寞，所以我想去當她的小孩，應該可以讓她幸福。」

透過這項調查，我發現居然每三位小朋友，就有一個人擁有胎內和生前的記憶。

這項調查在十五年內快速普及，使許多人得知胎內記憶的存在。

「胎兒的腦部尚未發育，所以沒有記憶」是人們以往的認知。如果小孩留有當時的記憶，而向別人提起，不是不被當成一回事，就是被當作怪胎。不過到了今天，「胎兒沒有記憶」的說法應該已經被推翻了吧。

這種轉變或許也適用於「微笑生產」。如果每個人都能用微笑面對生產，或許在不久的將來，挨痛受苦的生產過程就會完全成為「傳說」，不復存在。

讀到這裡，有沒有人想親身體驗「微笑生產」呢？

本書介紹的「微笑生產」訣竅，是以我的臨床經驗，以及多位媽媽親身的「微笑生產」經驗談為基礎，經過深思熟慮設計而成。希望有生寶寶計劃的媽媽和準媽媽，能把本書當作準備生產的參考。

不過，每個人選擇的生產方式都不相同，每種生產方式對寶寶的影響也不一樣，所以我不會說「微笑生產」適合每一個人。而且即使寶寶不是以「微笑生產」的方式出生，媽媽也沒必要自責。

我認為育兒的終極目標是讓親子幸福，而「微笑生產」不過是其中一個選項。最重要的是，每個人都能邁出腳步，一步步走向屬於自己的幸福人生。

如果本書能為推廣微笑生產，盡到棉薄之力，對我而言就是最大的喜悅了。

池川明

contents

第1章 「微笑生產」是什麼？

第2章

「不安」是產程不順的主因

第3章

生產是快樂的
～「微笑生產」的經驗談～

第4章 「微笑生產」所需的準備

第1章

「微笑生產」是什麼？

到底什麼是「微笑生產」？

所謂的「微笑生產」，到底是什麼樣的生產方式呢？

我收集了多位媽媽對「微笑生產」的經驗談，以下為大家介紹其中一部分。

「我從以前就知道，媽媽懷孕時，和肚裡的寶寶是母子連心的。所以我在懷孕的時候，試著和寶寶溝通，問他想要媽媽用什麼樣的方式把他生下來。而我真的感受到他想要的方式，所以我開始尋找條件符合的醫院，讓我可以依照自己想要的方式生產。開始陣痛以後，我在整個生產過程中，持續和寶寶對話，不論大小事都詢問他的意見。結果我陣痛的時間很短，寶寶一下子就出生了。寶寶出生後，只有必要的時候才會哭，發育的速度也很理想。我一想到能生到這樣的孩子，就覺得自己真是有福氣。」

「雖然我完全沒有靈異體質，但不知道為什麼，唯有寶寶在我肚子裡的那段時間，我能夠清楚感受到一股不屬於我的意志。當我開始相信寶寶有自己的意志以後，心裡就變得很踏實篤定，連陣痛也不覺得痛了。整個生產過程進行得非常輕鬆順利。我要生第二胎的時候，因為已經知道老二希望盡可能不要借助外力出生，所以我特別在飲食方面下工夫，保持運動的習慣。沒想到陣痛來的時候，剛好我的身邊都沒有人，所以我連醫生都來不及請，寶寶就出生了。陣痛來了以後，我便開始配合寶寶的動作，他動我就跟著動，於是我一點都不覺得痛。當他從我的體內生出來的瞬間，我甚至進入恍惚狂喜的狀態。寶寶出生後，不會無來由地哭，也沒有夜啼的狀況，經常處於心情穩定、開心的狀態。拜這點所賜，我充分體會到當媽媽的快樂，很享受育兒生活。」

「我在懷孕的時候，已經知道寶寶表示這麼做沒有問題，所以我很放心地想吃什麼就吃什麼，想做什麼就做什麼，百無禁忌，也沒有特別運動。所以我的孕期過得很輕鬆，毫無壓力。我生產住院的時候，本來要打的點滴含有具副作用的藥物，針插了好幾次都插不進去，最後我決定相信自己和寶寶的判斷，我相信是因為我們覺得這點滴會傷害我們，所以才插不進去。雖然陣痛滿痛的，但是我生產的速度快到連自己都嚇一跳。而且大家都說孕婦吃得不健康會生出體質虛弱的小孩，可是我的寶寶很健康，沒有生病也不會過敏。」

「懷了寶寶以後，我突然很想畫畫。我買了素描本回來，手就不由自主地畫起來，而且還寫起字來，其中包括了寶寶希望我配合的事項。我盡可能照辦，於是生產的過程很順利，一下子就生出來了。生下一胎時，開始陣痛的時候我剛好在浴缸裡泡澡，結果連助產士都還沒到，小孩就生出來了。因為我已經掌握緩和陣痛的訣竅，所以完全感覺不到疼痛，只有快感。真不知道以往人們對『生產一定很痛』的成見是從哪裡來的。」

「那天早上我就有預感寶寶快出生了，但是我想看完每天必看的晨間連續劇，於是我拜託肚裡的寶寶『媽媽好想看這個節目喔。媽媽一定會好好照顧你的，所以你可以讓我先看完這齣連續劇嗎？』結果我不但把連續劇看完了，而且看的時候太投入劇情，完全感覺不到陣痛。等到最精彩的橋段結束，片尾曲開始響起時，寶寶的頭已經露出來了，一下子就呱呱墜地。整個產程很短，我好像幾乎沒有痛到。這個孩子出生後也很愛看電視，而且看得很專心，叫他都充耳不聞。後來他竟然告訴我『媽媽，妳看完電視以後，我馬上就出生了吧！妳說我怎麼知道？因為我有看到啊！』真是太意外了。」

礙於篇幅，我無法介紹其他為數眾多的美妙生產經驗，但的確有不少人說「感覺到前所未有的快感」、「好像飛向宇宙，看到滿天星斗」等。

另外，藤原紹生醫生在廣島開設的婦產科診所，也讓許多媽媽體驗了「微笑生產」。在藤原醫生的診所生產的女性，她們幾乎都沒有感覺到疼痛，在生產過程中都能面帶笑容，興奮地表示：「好開心！」或是：「好幸福，我迫不及待要生第二胎了！」

有位在診所生產的媽媽還對藤原醫生說：「我沒有生孩子。」聽得一頭霧水的藤原醫生一問之下才知道，原來那位媽媽的意思是「我根本沒有用力，寶寶就自己出生了，所以不算是我『生』出來的」。

據說因為第一胎或上一胎的生產經驗，使之餘悸猶存的人，在藤原醫生的診所生產後，都不約而同地表示：「我本來以為生產一定很痛，是人生中最恐怖的事，可是聽說在這間診所生產的媽媽，每個人都生得輕鬆愉快，所以我的想法逐漸轉變，心想『我應該也辦得到』。最後我真的辦到了！實在太感謝了！」不僅如此，聽說有人生產的時候，還自己身兼攝影師，開心地拍下生產過程。

有關藤原婦產科診所的「微笑生產」經驗談，《用全世界最幸福的方法生產吧！讓妳的生產變得輕鬆愉快的50句魔法咒語》（書名暫譯，藤原紹生著，The Mediasion）有詳盡介紹。

和胎兒心意相通，給自己百分百的信心

雖說都是「微笑生產」，不過每個人的生產地點和方式不盡相同。有人在醫院生產，有人在家生產，有人選擇剖腹產，也有人自然分娩；每個人經歷的產程也不盡相同，有人完全感覺不到陣痛，有人雖然有感覺到陣痛，但是疼痛立刻被生產的喜悅取代，也有人雖然感覺到疼痛，但是時間很短，產程一下子就結束了。

不論選擇哪一種方式，只要能改變「受盡折磨、疼痛不堪」的既定印象，而且

媽媽和寶寶都覺得滿足、心情愉快，應該都算是「微笑生產」。

聽完許多過來人的經驗，我發現經歷「微笑生產」的媽媽，似乎都有一個明顯的共通點。那就是——

和肚子裡的寶寶保持心意相通，能夠感受到寶寶的想法。而且給予寶寶**百分百的信任，相信自己和寶寶是共同體。**

此外，經歷微笑生產的媽媽，都異口同聲地表示：**「不是我得天獨厚，而是只要和寶寶心連心、對寶寶有信心，應該就可以做到微笑生產。」**

每個媽媽都能「微笑生產」的時代來了

和寶寶心意相通的微笑生產，真的每個人都辦得到嗎？

如前所述，透過種種的調查，目前已經證實寶寶在媽媽肚子裡的時候即有知覺，也有情感。

事實上，身為婦產科醫生的我們，在接生現場看到媽媽和寶寶的互動，使我們不得不相信嬰兒在出生之前，就已經擁有知覺和情感，否則有許多現象根本無法以常理解釋。

舉例來說，有媽媽拜託肚子裡的寶寶「媽媽好希望你可以在○月○日出生」，之後寶寶真的收到媽媽的訊息，在媽媽期望的日子誕生。還有一位媽媽向寶寶喊話「如果胎位不正，媽媽會很麻煩，拜託你轉過來吧」，結果寶寶的胎位真的轉正了。上述的例子都是稀鬆平常的情形，很常見。

這些來自生產現場的回饋，讓我再次體認到胎教的重要性。而且，據說主動對胎兒說話，會影響孩子的發育情況。

如今，所有人都很難否定「胎內記憶」的存在。

孩子們說出的胎內記憶，和現實的狀況常常不謀而合。有小朋友向菸癮很大，連懷孕期間也抽菸的媽媽抱怨：「媽媽的肚子裡有菸味，好臭哦！」也有小朋友向懷孕期間養成散步習慣的媽媽說：「妳以前常去公園散步，對不對？」甚至有人表示：「爸爸和媽媽吵架，有時候爸爸還會下跪呢！」「媽媽和爸爸結婚的時候，肚子裡已經有我了，因為我看到你們手牽手，而且有很多人對著你們鼓掌。」聽到這些例子，如果不相信胎兒是真的親眼目睹這些場景，很難找到其他的解釋。

在我開始調查胎內記憶以後，常有機會聽到孩子描述進入媽媽的肚子之前或受精時的記憶，例如「我在一個好像天上的地方，那裡有神喔。那裡也有電視，從電視可以看到這裡的世界。我從電視的畫面看到一個我覺得不錯的人，選擇了她。那就是我媽媽。」「我和一個小朋友很要好，所以我們約好進入同一個媽媽的肚子裡。我說『我要先去』，於是我成為了哥哥。」由這些敘述看來，不少孩子會事先決定出生的地點呢。

胎內記憶已逐漸廣為人知，甚至還有問卷調查顯示，目前日本的準媽媽幾乎都知道胎內記憶。

胎內記憶的調查發表時，討論率最高的是，很多小朋友都提到：「媽媽是我自己選擇的。」「我想要讓媽媽得到幸福。」我也從多位媽媽那裡得到正面的回應：「認識胎內記憶以後，親子的羈絆加深了。」

聽了胎教和胎內記憶的事蹟，有些媽媽會露出心服口服的表情。不少人都表

示：「對耶，寶寶還在我肚子裡的時候，我有做過這樣的夢，真的有看到光。」「其實孩子以前就這麼告訴我了，原來不是他亂編的喔。」甚至有許多母親都能替胎內記憶「背書」，因此，胎內記憶的觀念才會如此迅速地普及。

即使從客觀的科學角度來看，目前也證實了心靈感應、生命能量（靈魂）確實存在。胎教和胎內記憶的科學佐證越來越清楚。媽媽如果相信胎兒已具備知覺和情感，而且理應擁有記憶，應該就可以馬上展開親子之間的溝通。另外，已經有人專門為孕婦開班，傳授與胎兒溝通的技巧，使一開始覺得自己辦不到的媽媽，**最後改觀，表示「每個人都做得到」**。這麼看來，微笑生產應該不是遙不可及的目標。

請各位不要消極地想：「我沒辦法和肚子裡的寶寶溝通，這一定很困難。微笑生產注定與我無緣。」無論如何，先給自己一個嘗試的機會吧！

「微笑生產」取決於媽媽的想法和環境

池川診所的經驗告訴我，孕婦能否和寶寶心意相通，對產程的順利程度影響很大。能夠母子連心的孕婦，因為完全信任寶寶、內心踏實，所以分娩時能保持平靜，處於放鬆的狀態。產婦處於這樣的狀態，會帶動人體分泌促進生產和減緩陣痛的荷爾蒙，而且身體不僵硬，才能活動自如。這樣的產婦即可迅速掌握寶寶的動態，自己也跟著配合，所以可以加速生產的進行。

反之，如果產婦對自己和寶寶都沒信心，會變得更加不安，甚至導致產程遲滯的情況。緊張不安時，身體會變得僵硬，不但妨礙活動，對荷爾蒙的分泌更是有害無益。

我們診所照慣例一定會詢問每一位孕婦：「請問妳對生產有哪些不安呢？」而我從中發現，越不安的人產程遲滯的機率越高。因此我會建議對生產感到非常不安的孕婦，多聽聽自己和寶寶內心的聲音，而她們不安的程度降低後，生產的確進行得相當順利。

在資訊爆炸的時代，每個人都可以輕鬆獲得大量與生產有關的資訊，但是太多眾說紛紜的資訊，也會使孕婦不安、無所適從。

生產經驗會影響日後的育兒

在生產前是否有建立親子的溝通管道，不只會影響生產過程，對日後的育兒也會造成影響。

某位經歷「微笑生產」的媽媽，和我分享了她的經驗：

「我懷孕時已經知道寶寶的想法，盡量按照他想要的方式去做。生產那天，我不太會陣痛，還能從容不迫地洗澡，等到『真的要生了』才去醫院。我到醫院，孩子馬上就出生了。讓我驚訝的不只這點，出生後寶寶的成長速度很快，進度甚至超前育兒書的範例。」他的脖子很快就硬了，大概出生兩個月就會坐，七、八月大便會自己走路。而且不只有老大，老二也是這樣。

另外，還有其他媽媽告訴我：「我生產的時候都有按照寶寶的吩咐，他也很乖地配合我，出生後都不會哭鬧，讓我有一個月的時間好好靜養。我很早便開始訓練他上廁所，到他六個月大就訓練完成了。」

上述的快速成長記錄或許聽起來很不可思議，但是只要在出生前掌握寶寶的心意，這種情況似乎不足為奇。

根據《Magic Child育兒法——不為人知的腦部發育機制》（書名暫譯，約瑟夫．契爾頓．皮亞斯著，日本教文社）的說法，烏干達的婦女都是在自家分娩，而且孩子出生後，媽媽習慣自己抱著嬰兒，一天二十四小時都不分離。據說媽媽一聽到孩子的哭聲，就可以完全了解寶寶的需求。

而且寶寶出生一個星期左右，大小便就可以在室外解決，所以不需要包尿布，據說只要白色的寶寶包巾沾到排泄物，即代表「這個孩子的媽媽還需要加油」。

此外，當地的寶寶平均出生二至四天，脖子即已變硬，六至八週便開始爬行。到烏干達當地調查的歐美人士無不驚訝地說：「怎麼辦到的？」但當地人卻覺得稀鬆平常，反問對方：「為什麼做不到？」

不過，現在烏干達的婦女已習慣在西式醫院生產，這轉變雖然可以提高生產的安全性，但是聽說孩子的成長速度，已與歐美育兒書同步，不再超前了。由此可得到一個結論「出生後馬上和母親分離，可以降低新生兒的死亡率，但會造成母親無法回應寶寶的需求，因此影響發育速度」。

藉由這個例子不難看出，環境對生產與育兒的影響，確實超乎我們的預期。

有一位遠嫁越南的日本女性，曾經與我分享她的經驗：

生產過程如果很開心，日後的育兒也會輕鬆愉快！

「寶寶滿月沒幾天，有一天我婆婆拿著臉盆過來對我說『讓孩子尿在裡面』。雖然我覺得現在訓練上廁所未免太早，但還是照做。沒想到十次有六至八次成功了，讓我好驚訝。」

Sony企業的創辦人、在日本推動無尿布育兒法的井深大先生，以及津田塾大學教授三砂女士等人的研究，告訴我們在母子心意相通的情況下，非常適合採用無尿布育兒法。

我們從育兒書、許多前輩媽媽的經驗，逐漸培養出生產和育兒的概念，但是別人的經驗絕非百分之百適用於自己。育兒書所寫的發育標準，僅適用於書中設定的單一地區，是否適用於其他地區的寶寶，仍有待商榷。

因此，只要媽媽主動改變環境，生產和育兒就可能變得截然不同。如同我剛剛為大家介紹的許多經驗談所示，**如果能掌握寶寶出生前和出生後的想法，或許每個人的生產都可以變得輕鬆，充分享受育兒的樂趣。**

生產是媽媽內心想法的具體表現

要改變環境，媽媽本人的想法必須先改變。我想有些人應該讀過勵志或心靈成長書籍，知道「心想事成」的力量。量子力學已經證實「在單一條件下進行實驗，實驗結果會依照實驗者的想法而有所改變，不會只有一種結果」。

這個原則也適用於生產。信念和想法對現實造成的影響很大，**所以如果對生產抱持著「很開心」、「很輕鬆」的認知，實際的生產過程即會獲得同樣的體驗。**

我的診所會請孕婦回答一個問題：「妳覺得自己理想中的生產，可以實現幾成？」我從大家的回答，發現回答的數字越高的人，生產的實際狀況越接近理想。值得注意的是，數字的高低和年齡並沒有關係，只要孕婦沒有心理障礙，高齡產婦照樣輕鬆生產的例子比比皆是。和身分證上的年齡大小相比，對高齡生產感到不安的程度，才是關鍵。

堅信「我一定能笑著生產」的人，幾乎都成功做到「微笑生產」。歷經微笑生產的媽媽告訴我：「自從我開始相信，只要照寶寶的意思做就不會有問題之後，整個孕程都很順利，最後成功做到微笑生產。」「我對健康的飲食、運動等興趣缺缺，懷孕時我的直覺告訴我，最好相信自己的感覺，所以我完全『跟著感覺走』。最後，我的生產過程非常輕鬆愉快。」

在藤原婦產科，「不覺得痛」、「很開心，連陣痛都忘了」的生產案例不斷增加，使新來的孕婦逐漸改變對生產的印象，開始覺得「生產是一件開心的事」。在如此的良性循環下，每個在藤原婦產科生產的孕婦，都能經歷開心、無負擔的生產過程。

關於這點，藤原醫生曾這麼說：「聽說懷孕時期抱著『生產一定會讓我很享受！』或是『生產一定是很幸福的事！』的想法，而且在生產時隨時把『好開心』、『真幸福』掛在嘴邊，結果就會如同自己的『預言』，真的生得輕鬆快樂。反之，如果抱著『好可怕』、『一定很痛，我不想生』的負面想法，陣痛一來就拼命大叫『好痛』，媽媽的心思就只會被疼痛佔據。」

不要被來自家人的壓力與擔憂影響

我要提醒大家，所謂的「心想事成」並不僅限於好事。如果孕婦在不知不覺中承受過多來自親友的壓力，很容易產生負面想法，還可能讓這些負面想法「一語成讖」。

最大的壓力來源很有可能是孕婦的媽媽，也就是孩子的外婆。老人家會關心自己的女兒和孫子是人之常情，但是如果過度的憂慮使準媽媽不安，就很可能造成產程遲滯。

在小型醫院和助產院常見的情況是，奶奶或外婆覺得不夠保險，直接問孕婦：「找這種沒辦法剖腹產的小醫院好嗎？萬一發生問題怎麼辦？你們怎麼不找大一點的醫院？」

如果準媽媽聽了長輩的話而感到不安，對生產心生疑慮，便可能依照她們的建議，轉到大醫院生產，甚至接受剖腹。到時候，長輩通常會說：「妳看，我不是早就說了，最後還是得剖腹產吧！」但是長輩的一句話，或許才是選擇剖腹產的契機。這畢竟是長輩的建議，所以用「烏鴉嘴」來形容並不恰當，但不可否認的，剖腹產和「微笑生產」還是差滿多的。

遇到這種情況時，**關鍵在於孕婦自己要站穩陣腳，對自己和寶寶有足夠的信心，才能有效消弭他人的擔憂。**

環境對孩子的影響力，佔了八成！

物理學和生物學已經逐漸釐清「心想事成」的機制，其中最為人所知的是

ＤＮＡ研究——人類基因體計劃（Human Genome Project）。

這項研究計劃展開之前，以往普遍的認知是，人的性格和體質大致取決於天生的基因。但是這項研究卻揭開一個驚人的事實：基因訊息對性格和體質的影響，只有兩成，其餘八成則取決於生長環境，而「人的意念」即可使環境改變。

有人利用這一點，生產了可造福世人的商品。這個人就是酒窩株式會社的清水美裕先生。

下頁的文章即記錄了清水先生為了打造「微笑生產」環境，所投入的心力。

人的生命有兩成由DNA決定，八成受環境影響

酒窩株式會社　清水美裕先生

「粒線體」對人的影響更甚於DNA

大家可能並不陌生以下這種說法：「我們家是癌症家族，所以我得到癌症的機率很高。」但是，基因對人體的影響僅佔了兩成。調查人類所有染色體的跨國計劃「人類基因體計劃」，在二〇〇三年完成了研究。這項研究顯示構成人體的蛋白質，能夠製造DNA的只有兩成。其實複製基因的克隆動物實驗已經證實，基因相同的動物連毛色等外觀，也會因環境的差異而截然不同。

人體的八成特性取決於位於真核細胞中，具有雙層膜的胞器。這種稱為粒線體的胞器，已經證實對人體構成扮演著極重要的角色。據說，粒線體是動物在還只是單細胞的阿米巴原蟲時，從外界導入細胞內的微生物。粒線體會進行分裂複製，吸

收體外的氧氣和輻射能，轉變為養分，以製造身體組織，並維持功能。

粒線體越多，吸收的自由基越多，而且會造成體溫上升，加強新陳代謝。據說可因此形成吃不胖的體質，使身體充滿活力，所以它的抗老化和美容效果正備受矚目。

例如我們在電視上看到的大胃王比賽選手與藝人，他們的消化能力和一般人一樣，但粒線體的含量卻超乎常人。

被我們視為有害物質的自由基和輻射能，對粒線體而言是必需物質。這兩種有害物質如果消失殆盡，人體將無法活動。媽媽會對自由基和輻射能感到不安是很正常的，但我想也無需過於恐懼。

粒線體的數量會因環境增減。「體質寒涼」被視為孕婦的大忌，如果有此困擾，我建議從生活下手，提高粒線體的數量。

增加粒線體的關鍵在於用餐方式。做到「空腹才進食」，而且遵守「只吃八分飽」的原則，即可促進粒線體活化。

有些孕婦害喜的情況很嚴重，甚至到食不下嚥的程度。或許有些人會擔心，覺得或多或少都必須吃一點，殊不知空腹是促進粒線體活化的好時機，所以不必太擔心，只要等到有食慾的時候，抱著「孩子陪媽媽一起吃」的心情再吃就好了。

一般的細胞大約含有兩千至三千個粒線體，但是卵子的粒線體含量高達十萬個，是體內粒線體含量最高的細胞。精子的粒線體很少，只有鞭毛處有七至八個，而且受精時會被摧毀。換句話說，對身體極為重要的粒線體，只會由母親遺傳給小孩。

如果母親在懷孕前已經積極實踐讓粒線體增加的方法，不但能提高卵子的活力，也能讓孩子遺傳到優質的粒線體。隨著我對粒線體的了解越來越深入，我更加確定一定要讓天底下的媽媽都知道這件重要的事。

▼給予寶寶安全感

我們公司的研究領域是量子力學，且把相關技術應用於產品開發。透過量子力學，我們知道人的意念、物質都是一種波，也就是振波。連印度聖人沙迪亞．賽巴隔空取物這種看似不可思議的現象，若視為振波的改變，就能解釋了。

剛才我提到，人體的特質有八成受環境影響，而環境其實正是由「波」構成。

有位名為史特倫奈梅魯的法國物理學家，利用波動的原理，譜出配合粒子運動的音樂。例如他以能夠促進乳汁分泌的泌乳激素為對象，根據泌乳激素基本粒子的波動，在樂譜上譜出相對應的音符。讓乳牛聽了這樣的音樂後，分泌出品質更好的乳汁。而符合這些粒子運動的音樂，有一部分出自莫札特和巴哈的樂曲，所以這兩位音樂大師的作品，被視為理想的胎教音樂。

不過，與音樂相比，對胎教最有影響的，還是媽媽的意念波。感情也是會影響原子、分子的波，所以會傳播給接觸整個腹部的胎兒。如同連續踩了幾下腳踏車的踏板，車輪會一直轉圈的道理，波動也會產生共振，對寶寶造成全面的影響。

寶寶會感受到媽媽的波動，所以最好盡量讓他們感受到正面的波動，包括母愛、開心、快樂和幸福等。只要媽媽很有安全感，寶寶自然會安心，知道「媽媽已經準備好了，我隨時都可以出生」。因為寶寶已建立自信，所以在生產的時候才會助媽媽一臂之力。

另外，在放鬆的情況下，媽媽的子宮口和產道口會打開，加快生產的速度。生產的時候請記得，多想讓自己快樂的事。很多媽媽生第二胎的時候，覺得比第一胎輕鬆不少，這是因為媽媽的心情沒那麼緊張了。即使是生頭胎，只要在充滿安全感的情況下生產，過程應該也會很輕鬆。如果妳聽到「頭胎」兩個字就覺得不安，或許不要說出這兩個字比較好喔。

難免有些人想到生產與產後的育兒就會開始煩惱，但是請大家不要忘記，生命的傳承在人類史上，已經持續了幾萬年，而且就像不斷刷新記錄的奧運，生命的傳承也會一直進化。

總而言之，「安心」是最重要的。請大家盡量用「船到橋頭自然直」這句話來鼓勵自己。

讓自己安下心來的訣竅在於，放棄去掌控一切，把自己交給下半身的力量。腦部的自律神經約有七至八成集中在下腹部，負責調整全身的功能。光靠腦的意識很難讓全身用力，但可以意識到下半身的力量就沒問題了。而且意識到下半身、讓全身放輕鬆，不但可以促進自律神經的功能調節，也有穩定情緒的效果。所以生產時意識到下半身，應該會讓產程變得更輕鬆。

媽媽的決心可以改變生產和育兒過程！

如同清水先生提到的，孩子的發育狀況並非由遺傳與天生體質來決定，而是取決於環境。即使是擁有相同基因的人，若生長在不同的國家，不只人生經歷會不同，性格與其他特質也會截然不同。

據說胎內環境對孩子的成長與生活方式的影響更大。寶寶在媽媽肚子裡的時候，如果媽媽的想法正面積極，孩子的個性可能會較開朗樂觀。

依此類推，媽媽的個性會受到外婆的胎內環境影響，而外婆的個性則受曾外婆的胎內環境影響，一代傳一代。只要媽媽的想法改變，不只是胎內環境，連這個連鎖關係也能隨時改變。

換句話說，**媽媽具備改變血統的力量，而且這個影響力可能延續到世世代代。**

如果能夠靠自己的力量改變這點，媽媽對寶寶和自己的信心應該會增加不少。

實際體驗了「微笑生產」的多位媽媽中，有不少人表示：「懷孕的時候，我改變了自己的認知，對寶寶和自己的信心大增。最後，生產進行得很順利，讓我對自己完全改觀，心想『原來只要去做，我就辦得到啊』。」

肚子裡的寶寶想要什麼？

為了打造理想的胎內環境，傾聽寶寶的心聲當然很重要。

每個在媽媽肚子裡的寶寶，似乎都有自己想要的出生方式，想要的生活方式也不一樣。在我進行胎內記憶調查的過程中，很多小朋友都告訴我：「我希望讓媽媽增加自信，所以故意讓她生我的時候，遇到很多必需努力克服的挑戰。」「我來到世上是為了向大家傳達某種訊息，所以特地選擇不健康的身體。」「我希望長大以後能夠當女明星，所以挑了一位長得很漂亮的媽媽。」

如果從寶寶還在肚子裡的時候，就尊重他的意願，那麼寶寶一生出來便會很有安全感，得以依照自己的期望發展他的人生。

或許有些人會想：「我才不相信我可以知道肚子裡的寶寶在想什麼。」但是，如果真的如清水先生所言，媽媽的情感波動、意念波會透過羊水和皮膚傳遞給寶寶，那麼寶寶的情感波動當然也可以傳遞給媽媽。

有一次，有人委託我研究管風琴的樂音是否有益於胎教。所以我、胎話士（可以解讀胎兒想法的人）和懷胎的準媽媽，一起去了某間設有管風琴的音樂教室。聽了管風琴的樂曲，這位準媽媽哭了兩次。

在聆聽某首樂曲時，我看著突然哭出聲的媽媽說：「看樣子這位媽媽深受感動呢。」沒想到她肚裡的胎兒卻透過胎話士表示：「不是媽媽，受到感動的人是我。」於是我趕緊向胎兒賠不是：「是寶寶啊，真是不好意思。」

後來媽媽又哭了，我對著胎兒說：「這位寶寶，你的感情好充沛喔。」但他卻告訴我：「不是我，這次感動的人是媽媽。」

尊重寶寶的想法，產程大多會平安順利！

在生產方式上，尊重寶寶想法的媽媽，基本上生產過程都很順利。池川診所剛開業的時候，不懂得顧慮寶寶的心情，完全依照家人的希望或出於醫療上的考量，決定是否以真空吸引或剖腹的方式生產。我記得當時產程遲滯的情形在當時並不少見，而且有時候剛出生的新生兒，甚至會一臉氣呼呼地瞪著大人。

但是，如果透過通曉胎兒意念的胎話士以及助產師的翻譯，懂得利用探測術（Dowsing）等手法確認寶寶的想法，情況就會大為改變。只要我們把寶寶的想法傳遞給媽媽，再找出彼此都能接受的作法，產程幾乎都很順利。

寶寶出生的時候大多一臉滿足，彷彿在告訴我們：「謝謝你接納了我的意見。」

體驗過「微笑生產」的媽媽，其中有不少人都表示，能夠順利生產，是因為自己理解並尊重寶寶的想法。

某位媽媽說：「生前兩胎的時候，其實我知道媽媽和寶寶之間會有類似心電感應的能力，不過前兩胎都是我單方面對寶寶提出各種要求。所以我決定第三胎一定要重視寶寶的想法。最後，不論是生產還是產後，我都能夠明白寶寶大大小小的需求。我在決定生產方式時，不斷和肚子裡的寶寶溝通各個細節，生產過程也非常輕鬆順利。」

另外，有一位媽媽當寶寶還在肚子裡時，就已經感受到寶寶的想法，她告訴我：「我之前從來沒有體驗過超能力，也不知道什麼是胎內記憶。可是我懷了這個孩子以後，很清楚地知道是他特別挑選我們夫妻來當他的父母。不只如此，他是個非常有主見的孩子，例如要選擇剖腹還是自然產，以及他這一生的目標等，都已做了明確的規劃。他也讓我們清楚地了解，他為了這一世的任務，刻意選擇異於一般人的身體，選擇了一條更辛苦、有許多難關要克服的人生路。我們有接收到他的訊息，知道他希望我們相信他的選擇，所以我們決定儘量按照他的要求行事。這樣的全心信任，我想帶來的就是微笑生產吧。」

如同上述的例子，「不只出生的時辰和地點，連自然產或剖腹產都是寶寶自己決定的，所以我覺得只要配合寶寶的需求就好」是許多媽媽的經驗談。不過即使這種例子很多，但這些畢竟都是各位媽媽的主觀意見，正確性還有待商榷。不過，**尊重寶寶想法的媽媽才能體驗「微笑生產」，是不爭的事實。**

感受胎兒想對妳表達什麼

媽媽想要了解寶寶的想法，具體來說該怎麼做呢？

接下來我要介紹的方法是來自世野尾麻沙子女士，以及開設幼兒教室教授嬰兒手語的土橋優子女士。世野尾麻沙子女士認為「每個人都可以聽懂寶寶在肚子裡的胎話」，而她正從事這方面的教學工作。

世野尾麻沙子女士認為：「我覺得每位媽媽其實都可以知道肚子裡的寶寶在想什麼。舉例來說，如果有人問媽媽『你覺得肚裡的寶寶喜歡什麼顏色？』或是『你覺得寶寶是什麼樣的個性？』每位媽媽都能快速回答，例如『我覺得他很活潑，有點任性』、『他溫柔又穩重』等。而且寶寶出生後，個性真的會和媽媽說的一樣。

我想只要是身為人母的人，應該都擁有這樣的能力。

其實這樣的能力並非為人母的特權，我相信每個人或多或少都有察言觀色的能力，可以透過氣氛和感覺得知他人的心情。假設在電車裡有人低頭看著地面，大部分的人都可以推測出他是心情不好，還是單純睡著了。日本人特別擅長「察言觀色」，在職場上，連隔壁同事的心情都有辦法猜得八九不離十，既然如此，想必日本人更是心知「肚明」肚子裡的寶寶是什麼心情。就理論而言，掌握寶寶的情緒和想法，其實是非常簡單的道理。只要花點時間練習傾聽寶寶，心想「我覺得寶寶好像在對我這麼說」，每個人都可以熟能生巧，越來越能掌握寶寶的思緒。

舉例來說，如果寶寶的胎位不正，做媽媽的一定會擔心『不曉得生產過程會不會碰到問題』。假如這位媽媽忙於工作、疏於關心寶寶，或許這就是寶寶引起媽媽關心的方式。也可能是爸媽經常吵架，所以寶寶希望自己製造「事端」，促成兩人重修舊好，所以才故意胎位不正。這樣的內情，外人當然不知道，但是等到寶寶長大時問媽媽『以前是不是發生這種事？』通常媽媽都會喚起回憶，心想『被你這麼一問，好像的確有這回事耶』。

甚至是緊急早產的媽媽，也曾聽過孩子告訴她『我看媽媽那麼辛苦，所以想讓妳早點解脫』。一開始媽媽可能只是腹部緊繃或身體微恙，所以寶寶只發出帶有暗示性的徵兆，但是媽媽如果不尋求協助，繼續硬撐，寶寶就只好使出最後絕招，也就是緊急早產，讓媽媽一定得停下來休息。媽媽如果能改變想法，想到『說不定寶寶傳遞給我的訊息，是要我好好休息』，進而改變行動，說不定情況會大幅好轉。

總之，重要的是不要用頭腦思考，而是用心感受。功課做得很足，想掌控一切，完全按照預定計劃行事的人，反而可能事與願違，生產過程遇到各種不順利的情況。話說回來，生產本來就是人的本能，所以跟著本能走，自然可以降低出錯的機率囉。

有些人即使確實感受到寶寶好像在生氣或悲傷，但因為理智還是受到常理的規範，所以立刻否定自己，心想『人怎麼可能有辦法知道胎兒在想什麼』。但是一旦媽媽有這種想法，就真的收不到寶寶傳遞給妳的訊息了。反之，抱持開放的態度，心想『說不定我感受得到喔』，每個人都可以順利掌握寶寶的思緒。

首先，請大家試著感受自己的身心狀況。如果妳發現自己的肚子摸起來冷冰冰的，應該會想『寶寶的狀況可能不是很理想』吧。換言之，媽媽只要掌握自己的狀況，就能夠了解寶寶想表達的意見。

我想有很多人習慣壓抑情緒，不把生氣和悲傷等負面情緒表達出來。但是，養成這種習慣只會讓妳的感受能力越來越差，甚至連自己的心情和想法都變得模糊不清。」

土橋女士則表示：

「在我經營的幼兒教室，不時會遇到以下情形。有時候我會聽到小朋友說『媽媽現在的心情很難過喔』。等到媽媽來接孩子的時候，我向媽媽確認，媽媽時常驚訝地回答『什麼？他為什麼會知道呢？』我想這種情形驗證了「母子連心」這句話。那麼，既然小孩子都可以察覺媽媽的心情了，媽媽應該也能夠了解孩子的想法啊。

我目前正在從事嬰兒手語的教學。透過寶寶手腳的動作、呼吸、發出聲音的方式和速度、音調高低等，掌握寶寶的心情。如果妳不認為這是一種語言溝通，妳恐怕很難體會，但是只要把它當作一種語言，我想每個人都能了解寶寶想要表達的意思。

我認為胎兒也適用這個道理。媽媽可以知道從肚子裡生出來的孩子在想什麼，那麼應該也能接收到和自己連為一體的胎兒，想要傳達的訊息。

即使一開始真的不知道寶寶的心思，但我覺得媽媽只要告訴自己『我也可以像大家一樣感覺到寶寶的想法』，就可以實際感覺到。舉例來說，很多人懷孕的時候，都會突然很想吃某樣東西吧？其實大家都誤以為那是自己想吃，不知道是寶寶授意的，所以才會覺得自己沒有接收到寶寶的任何訊息。媽媽只要念頭一轉『說不定這是寶寶的意思？搞不好我真的可以知道寶寶想要表達的意思』，妳和寶寶的溝通管道就會接上線了。這個時候，只要妳鼓勵自己『我可以感受到寶寶的想法了，接下來我要更用心傾聽他的心聲』，那麼我想寶寶會向妳傳遞更多訊息。

其實，寶寶會配合媽媽的感受程度，只傳遞媽媽能夠順利接收的訊息。如果他覺得媽媽可以接收更多的訊息，傳遞的訊息就會增加。這道理等同於遇到話不投機，或者不專心聽自己說話的對象時，話會自然變少。所以，我覺得媽媽不妨主動告訴寶寶『多告訴我一點』。

媽媽懷胎的時間長達十個月，如果從懷孕初期便養成傾聽的習慣，到了即將生產之前，累積下來的訊息量會相當可觀。媽媽掌握了胎兒的想法，生產就會由母子雙方合力完成，想必一定會進行得很順利。」

聽從世野尾女士和土橋女士的話，並且親身實踐的許多媽媽，據說都有確實感受到寶寶的想法。

想法很樂觀，認為「寶寶一定會和我連絡」的媽媽，聽說真的比較容易接收到寶寶傳遞的訊息，而不這麼想的媽媽，便真的不容易接收到訊息。

有位媽媽曾這麼說：

「我懷第一胎的時候，知道胎教對孩子的影響，所以一直對寶寶喊話，但都是我單向傳訊，我覺得自己並沒有收到寶寶的回覆。懷第二胎的時候，我知道寶寶會向媽媽傳遞訊息，所以我不只對他說話，也用心聽他想表達什麼。於是，我變得可以憑直覺知道他想吃什麼，想去哪裡。那種狀態就像自己和寶寶心意相通，達到母子一心同體的境界。」

如果母子心意相通，媽媽想做的事，幾乎都是寶寶想做的事，不過也有例外。

遇到母子意見不一的狀況，最好不要由媽媽單方做決定，而是盡量和寶寶溝通，達成協議。舉例來說，假設寶寶想吃的某樣食物，讓媽媽難以下嚥，聽說媽媽只要和寶寶說「對不起喔，媽媽真的不喜歡這種食物，所以沒辦法讓你吃」，寶寶通常都會接受。

寶寶的訊息透過媽媽的五感傳遞

每位媽媽接收到的、來自寶寶的訊息，據說都是寶寶透過「視覺、聽覺、嗅覺、味覺、觸覺」這五感所傳遞的。傳遞的途徑可能不只一種，不過無論是哪一種，都會以媽媽最容易感受到的方式傳送。

世野尾女士還傳授了幾項重點：

「首先，請試著向胎兒發問，例如『你想吃什麼？』如果媽媽的聽覺很敏銳，說不定真的會覺得自己聽到漢堡排這幾個字。若寶寶以嗅覺傳遞，媽媽就會聞到漢堡排的氣味；以味覺表示，則會感覺到漢堡排的味道；以視覺傳遞，媽媽腦中可能會浮現漢堡排的樣子；以觸覺傳遞，媽媽可能會聯想到漢堡店的鬆軟沙發，也可能促使媽媽的身體去付諸行動，例如光是想到漢堡排，就覺得心情很好，或是回過神來，才發現自己已經在漢堡店了。有時候寶寶傳遞訊息的途徑不只有一種，而是多管齊下。」

我覺得寶寶很了解媽媽，非常清楚該從哪種感官下手，才能讓媽媽採取行動。有些媽媽就算漢堡排的影像在眼前漫天飛舞，也可能看過就算了，除非她的嘴裡都是漢堡排的味道，她才會真的走進店家點餐。但有些媽媽不是那麼被動，就像我們在超市受鮮豔欲滴的草莓誘惑，即使價格令人驚呼『好貴喔』，還是把草莓放進購物籃一樣。

其實，接收寶寶發出的訊息，和察言觀色是相同的道理。好比我們問別人『我們去那裡好嗎？』即使對方沒有明確回答好或不好，憑他的表情大概也猜得到答案吧。

凡事總有第一次，只要成功一次，媽媽之後就會接收到各種訊息，例如『媽媽買那個東西啦』、『吃那個啦』、『媽媽買這件衣服比較好』、『媽媽應該和那個人見面，現在去找他吧』、『去公園散步嘛』、『不要再這麼做了』，資訊量會多到讓媽媽大吃一驚呢。」

另外，土橋女士也和我們分享她的心得：

「同樣是傳遞訊息，每個寶寶都有擅長和不擅長的領域。不過他們會從媽媽最敏銳的感官下手，以提高訊息被接收的機率。如果媽媽的視覺最敏銳，他就可能透過夢境、電視或書本，或者走在路上，突然有文字映入眼簾的方式傳遞訊息。此外，如果寶寶覺得現在特別需要某些營養，似乎大多會以嗅覺或味覺來傳遞訊息。如果以觸感傳遞，媽媽有時可以藉由胎動接收訊息。

我自己懷孕的時候，常常由寶寶手腳的活動方式，感覺到『手腳的這種動法，應該是寶寶在說他很開心』、『這種動法應該表示他很傷腦筋』。而寶寶出生後，手腳活動方式所代表的意思，果然和我的解讀一樣。由此可知，我當初相信自己的感覺是對的。」

還有位媽媽告訴我，聽覺是她接收訊息的主要途徑。

「寶寶出生之前，我明確感受到有人在叫『媽媽』，連孩子的名字也『聽』到了。而我想要搬家，卻一直找不到合適的房子時，腦中突然浮現『以前去過的那間房仲公司』的聲音。於是我上門去問，真的找到理想的房子。生產時的事，我本來都忘得差不多了，後來才想起來，那時候預產期已經超過快一個星期，我開始感到擔心時，有一道聲音告訴我『別擔心，孩子會平安出生』，讓我放下心來。最後，產程果然非常順利，連子宮口開了都沒人發現。在等待分娩的這段時間很難熬，但是在我覺得最難熬的時候，我又感覺到有一道聲音告訴我『一切都會沒問題』，讓我產生了信心去克服。但是我生完小孩之後，那道聲音就再也沒出現了，所以我相信那是寶寶還在肚子裡的時候，向我傳遞的訊息。」

對寶寶而言，媽媽是最了解自己的人

即使是微不足道的小事，只要媽媽察覺到異於平常的感覺，就比較能接收到來

嗯！？我好像聞
到漢堡排的味道
是我想吃啦
透過媽媽最敏銳的
感官，傳達訊息

自寶寶的訊息。如果感覺到平常不曾有的情緒，媽媽或許可以提醒自己「說不定這是寶寶的心情呢」。

這種感受雖然只有當事人才能體會，也無法以科學證明，不過如果我們真的有可能和肚裡的胎兒溝通，成功機率最高的人就是媽媽。

即使是醫生，也不可能連胎兒的想法都掌握，即使仰賴胎話士，除非一天二十四小時如影隨形，否則胎話士也只能解讀一小部分的訊息。即使家裡的其他成員知道寶寶的想法，還是比不上肚裡懷著寶寶的媽媽。

另外，即使有人能說出寶寶的願望和心情，內容也幾乎都是『我想吃什麼』、『我想去哪裡』，換句話說，媽媽還是必須親力親為滿足孩子的需求，無法找人代勞。

總而言之，要不要「試著感受寶寶的心情」，要不要體認到「這就是寶寶的需求」，都是取決於媽媽。

第2章

「不安」是產程不順的主因

每個人都會對懷孕感到不安

如同第1章所述，能否「微笑生產」受心理因素的影響很大。**尤其是孕婦如果不安或有壓力，生產更容易不順利、產程遲滯。**

話雖如此，保護肚子裡的孩子平安出生，是每個孕婦的本能。就醫學的觀點而言，煩躁不安的情緒是因為助孕酮等黃體素在懷孕期間的分泌量增加，所以孕婦容易不安是很正常的。

醫學的進步使媽媽和肚子裡的寶寶幾乎不會有生命危險，可能只有過度的不安容易對生產造成負面影響。不安會促使身體分泌過量的荷爾蒙，造成肌肉緊繃，導致子宮和腸胃的平滑肌變僵硬，使肚皮容易緊繃。研究顯示，緊張也是生產時子宮口無法順利打開的原因，甚至容易讓產婦感到疼痛。

媽媽在懷孕期間所承受的不安和壓力，會影響到寶寶出生後的性格。胎內記憶的調查顯示，小朋友如果有「在媽媽肚子裡面很不舒服」等負面情緒，他們的媽媽大多在懷孕或生產時嚴重地不安。反之，愉快地說「在媽媽肚子裡很舒服」的小朋友，他們的媽媽在懷孕期間通常都很幸福又有安全感。

為了達成微笑生產與育兒，媽媽要先要正視自己的情緒，消除過度的不安與壓力。

媽媽擔心，寶寶傷心

我以前服務的醫院，曾發生過這樣的事。有位孕婦的肚子非常緊繃，她覺得很難受，希望我開藥給她。

肚皮緊繃的原因不少，有可能是過度工作、吃了對身體不好的食物、身體承受太多壓力、精神壓力過大或憂慮等。我的診所第一步會建議孕婦找出原因，從根本解決問題，而不是直接讓她們服用副作用很強的藥物。可是那位孕婦告訴我，自己並沒有壓力的問題。

那位孕婦要回去的時候，剛好有個可以解讀胎兒想法的胎話士與她擦身而過，後來這個人告訴我：「剛才那位孕婦肚子裡的寶寶，好像抱著很負面的想法呢。」

我進一步詢問，胎話士才告訴我：「寶寶要我告訴你，如果他媽媽吃了醫生開的藥，他會沒辦法呼吸，覺得很難受。」聽到這樣的話，我覺得很遺憾，因為媽媽本人很難受，我沒有辦法阻止她吃藥。於是我反問胎話士：「那個寶寶知道他媽媽的肚子為什麼會繃得很緊嗎？」沒想到胎話士回答我：「因為媽媽不相信我。」

之後我聽了進一步的說明，才知道事情的來龍去脈。

「媽媽以前流產過，所以她這次懷我的時候，從一開始就很擔心流產。雖然我一直向媽媽傳遞訊息，告訴她『這次一定會很順利，我一定會平安出生』，但是她完全不懂我的意思。好不容易進入穩定期，她卻又開始擔心孩子生出來會不會有缺陷或重大疾病。現在我快要出生了，她又開始擔心生出來該怎麼照顧。反正她永遠都在擔心，沒完沒了。我還沒出世，就已經不相信人了。所以我不想待在肚子裡，我想趕快出來。但現在媽媽的肚皮變得很緊繃，害她要吃很苦的藥，可是她吃了這種藥會讓我呼吸困難，能不能請你幫我想想辦法呢？」

這件事讓我留下深刻的印象，此後我才知道原來媽媽的不安可能會傷了寶寶的心。

孕婦不安的三大原因？

孕婦不安的主要原因有好幾個，接下來我為大家介紹最主要的三大原因。

1. 腦中充滿有關生產的負面資訊

生第一胎的媽媽特別容易受到周遭的影響，照單全收各種生產和育兒的資訊。

許多生過小孩的人都會分享自己的經驗談，因此生第一胎的準媽媽聽到的，很可能都是育兒的辛苦之處，例如「生孩子很痛」、「孩子剛出生那段時間，每兩個小時就醒來一次，讓我沒辦法一次睡很久，身體都搞壞了」、「等到寶寶會爬會走時，只要稍不注意，就會發生危險，所以我的精神一直很緊繃」。

這樣的經驗談再加上荷爾蒙的影響，無疑會加深孕婦的不安，累積更多壓力。而且孕婦一旦接受了「生產很痛、很辛苦」的刻板印象，或許真的會因此經歷辛苦不堪的產程。

生產和育兒並非只有辛苦，也有不少樂趣，很多過來人習慣「報憂不報喜」，但我覺得「雖然辛苦，但很值得」是更中肯的說法。

從古至今，天底下已有無數位母親歷經生產與育兒過程，所以我奉勸各位準媽媽無需過於擔心，抱著體驗新事物的心態會比較好。

另外，多做準備也是消除不安的良方，例如在生產前保持運動的習慣、注意飲食，以增強體力。此外，還可以事先物色在產後能協助自己育兒的人，避免讓自己陷入孤立無援的狀態。

2. 家人的關心

孕婦的媽媽（寶寶的外婆）等家人，常常是引爆媽媽情緒不安的導火線。我在自己的診所，曾遇過孕婦因為媽媽的關心而不安，造成產程遲滯的案例。

外婆與其他長輩因為愛女心切又疼孫子，難免會操心。我想最好的解決之道是，孕婦要做好心理建設，知道這只是長輩對自己的關心，而做長輩的也要知道，過多的不安對生產是有害無益。

此外，如果孕婦從前在娘胎裡，她的媽媽自己也很不安、憂慮，這些情緒都會殘留在孕婦的記憶中，使她更容易在孕期感到不安。換言之，孕婦的媽媽如果屬於杞人憂天的性格，可能是她在自己媽媽的肚子裡時，她媽媽就常常焦慮不安。而她媽媽會不安，追根究柢還是因為媽媽的媽媽是這種個性……由此可知，憂慮和不安對生兒育女會形成負面的連鎖反應，代代相傳。

如果能藉由生產的機會，讓產婦達到「微笑生產」與「開心育兒」，即能徹底消除心理陰影，停止「遺害」代代子孫的負面連鎖反應。我想對寶寶來說，再也沒有什麼禮物比「安心」更受用了。

3. 醫療人員的應對

另外，孕婦會感到不安，有時醫院的醫生和醫療人員也難辭其咎。

第一，孕婦去醫院產檢，隨時都要做好心理準備，可能會被醫生告知自己和寶寶罹患了哪些疾病或身體有異常；只要某項檢測的數值稍微提高，醫護人員可能就會建議妳：「為了降低生病的風險，最好打點滴。」孕婦戰戰兢兢地站上體重機一看，如果數字增加，可能又會被提醒：「體重增加太多容易生產不順喔。」換句話說，孕婦每次去醫院，都可能聽到不同的「壞消息」，難怪不少準媽媽會變得憂心忡忡，擔心自己不能平安生產。

不過，醫護人員如此「雞婆」是有原因的。因為如果沒有盡到事先告知的義務，萬一生產時母子的健康出問題，可能牽涉到醫生和助產士的法律刑責。大家先了解這樣的背景，或許就不會再因此憂心忡忡了。

如今不是死產，家屬主張「嬰兒的缺陷起因於生產時的醫療行為」，因而與醫

院對簿公堂，而且法官判為醫療疏失的案例時有所聞。以胎位不正而言，因為醫界認為自然產會導致胎兒缺氧，可能造成腦性麻痺等障礙，所以一般都是剖腹產。畢竟如果醫生建議產婦自然產，結果卻有個三長兩短，醫生可能會因為處置不當而面臨法律刑責。話說回來，即使採用「胎位不正就剖腹」的作法，嬰兒腦性麻痺的機率也沒有因此下降。

以醫生的立場來說，他們當然會想避開所有可能的風險，而且會做好準備，以防緊急狀況的發生。雖然醫生的立意是好的，但卻會造成過度的醫療行為，以及對孕婦的過度干涉。而孕婦會因為醫護人員的作風，養成「醫生說了算」的態度；不只情緒很容易隨醫生的話起伏，也常因為一點小事就感到不安，立刻尋求醫生的協助。

我不會斷定這是醫生的錯或孕婦的不是，可以肯定的是，現代的醫療體系的確滿足了孕婦與醫生雙方的需求。當然，醫護人員應該為了維護母子的健康而不遺餘力，遇到問題必須想辦法解決，我也一直把這點奉為行醫的圭臬。但是話說回來，生產這件事媽媽本來就應該全力以赴吧。即使醫療的進步已讓生產的風險大為下降，但是遇到生命存亡的關頭，還是取決於媽媽本身的「生產能力」。

自己的性命不應該掌握在他人手上，而要自己負責。**如果能抱著這樣的覺悟，相信自己也相信寶寶，我想媽媽一定能夠掌握狀況，順利生產。**

對孕婦造成負面影響的心理壓力

除了不安的情緒，壓力也可能造成產程不順。

最常見的心理壓力來自夫妻口角等家庭關係的不和諧。如果孕婦有在工作，上司、同事、客戶等人際關係也可能成為壓力的來源；另外，在工作和通勤中，遇到不想做卻得做的事，例如必須提重物、人擠人趕捷運等，也可能讓懷孕的準媽媽倍感壓力。不過有人剛好相反，熱愛工作的人離開工作崗位，可能會覺得壓力更大。

肚皮緊繃、身體不適的時候，大家不妨把它視為身體發出壓力過大的警訊。遇到這種情況，建議大家先停下來想一想，怎麼做才會讓自己開心，而做哪些事會造成自己的反感。如果發現自己累積了不少壓力，除了動手改善環境，也可以藉由我之後說明的**「找機會說謝謝」**、**「找出優點」的方法，來轉變自己的想法**。如果壓力的來源是工作，或許妳應該停下腳步，休息一下。

不只是心理層面的壓力，身體承受的壓力也會對生產造成負面影響。以身體而言，最主要的壓力來源有**「食物」**、**「受寒」**、**「過度活動」**。

雖然我們很難衡量究竟是心理還是身體的影響力比較強，不過似乎很多人都認為，對媽媽而言，「心理壓力造成的負擔比較大」。

有位媽媽認為，與其聽取各種建議，嚴格限制飲食和生活，累積精神壓力，不如相信自己的直覺。而她詢問了肚裡的寶寶，得到「反正媽媽一定不會勉強自己做不喜歡的事情，所以妳喜歡怎麼做就怎麼做吧」的回應。因為寶寶「許可」了，因此被視為孕婦大忌的砂糖、含食品添加物的零食、垃圾食品等，她都照吃不誤，以很不養生的方式養胎。

因為她懷孕期間完全沒有精神壓力，所以這位媽媽的身心都很充實、愉快。寶寶生出來也相當健康，沒有需要擔心的問題。因此我認為懷孕期間的心理壓力，似乎比身體壓力還具有影響力。

生產與懷孕的經驗因人而異，有的寶寶只要媽媽一吃垃圾食物，就會做出反感的動作，或向媽媽傳遞「不要再吃」的訊息。有些媽媽為了紓解壓力，甚至會抽菸喝酒，但是目前已有數據顯示，抽菸喝酒會提高分娩異常的風險，而且根據胎內記憶的調查，常有小朋友表示：「我在媽媽肚子裡的時候，覺得菸味很臭很討厭。」「媽媽只要喝酒，我就覺得很不舒服。」所以這種「百無禁忌，隨心所欲」的作法，絕對不適合每一個人。

不過如果能像這位孕婦一樣，不只相信自己的直覺，也百分百相信寶寶，或許零壓力的精神狀態便會發揮很大的作用。如果妳不想讓身體承受壓力，我建議妳一定要和寶寶好好溝通。

如果妳沒有自信能夠完全信任寶寶和自己，即使只是一點點的懷疑，我想還是不適合採取和這位媽媽一樣的作法。

身體壓力來自食物、受寒、過度活動

接下來，我要依序介紹讓身體產生壓力的三大來源——食物、受寒、過度活動。希望大家特別注意這幾點。

「食物」造成的壓力

身體的最大壓力來源是食物。營養不足或添加物過多的食品以及菸酒、暴飲暴食等，都是造成壓力的原因。

礦物質和維生素的消耗量在懷孕期間會增加，所以要多加補充，以免營養不良。要控制砂糖的攝取量，因為精製的白糖會消耗維生素B。另外，動物性脂肪、乳脂肪、加工的油品等，是妨礙母乳分泌的物質，也可能不受肚子裡的寶寶歡迎。

不過每個人適合的飲食方式都不同。舉例來說，大家都說日本人適合「和食」，而且認為咖啡和辛辣的食物對孕婦的身體會造成負面影響。但在某些國家，孕婦可以照常喝咖啡，也可以大啖辛辣的料理，因此很難斷言這些飲食是否一定有害胎兒的發育。

似乎有不少孕婦為了減少壓力，寧願以自己的喜好為優先，想吃什麼就吃什麼。其實即使媽媽只吃自己愛吃的食物，裡面也包含了大部分胎兒需要的營養。

即使是被視為絕對有害健康的泡麵等垃圾食物，對身體的影響也因人而異。有些寶寶吃了沒事，有些寶寶則完全無法接受。我建議大家先和寶寶商量，再決定要不要吃。

世野尾女士即分享過有關孕期飲食的心得：

「我們的身體很像敏銳的感應器，吃下不乾淨的食物就會拉肚子，把不好的東西排出體外。尤其是懷孕的時候，因為我們有延續生命的本能，所以母子的感應器都會變得更敏銳。動物進食的時候，不會先思考要吃的東西是否有益健康。動物的本能只會判斷食物是否新鮮、吃了會不會危害身體、好吃還是難吃。

舉例來說，我課堂上有位孕婦告訴我，她很想吃巧克力，可是又擔心『巧克力會讓腹部冰冷，對身體不好』，所以一直忍著不敢吃。後來，隨著孕吐越來越嚴重，她想吃巧克力的念頭變得越來越強烈，再也忍不住了。沒想到她吃了巧克力之後，原本的不適馬上舒緩下來。

我覺得這種情況並不少見。有些孕婦會由她接收到的資訊來判斷好壞，但即使她知道不該吃什麼或做什麼，想吃的心情卻不聽使喚。拼命忍耐的結果，反而更難克制想吃垃圾食品的念頭，使孕吐的症狀變本加厲。

有些媽媽在懷孕期間雖然一直吃垃圾食品，卻沒把身體吃壞，寶寶生出來也很健康，有人懷上一胎的時候很注意飲食，沒想到因為壓力過大，體重反而直線上升，所以這次懷孕決定照寶寶的指示，想吃什麼就吃什麼。因此雖然吃了很多不該吃的東西，心裡還是覺得輕鬆無負擔，體重也沒有增加太多。有趣的是，有些媽媽在懷孕前吃得一點都不健康，懷孕後體質反而變得完全無法接受以前愛吃的垃圾食物，變得只對健康的食物有興趣。

我覺得現在有很多準媽媽懷孕之後，對垃圾食品的慾望不減反增。我想會有這種情況，大概是孕婦太緊張了，才想藉由垃圾食品減輕壓力。從人體運動學等各種角度看來，攝取對身體有害的食物，肌肉會沒辦法出力。

用腦過度、過度耗費心力的孕婦，更有偏好甜食的傾向。用腦過度會使身體僵硬，吃得再健康，還是很難放鬆。

另外，有些人擔心肉吃太多不好，拼命忌口，但是吃肉的慾望反而一發不可收拾；有人雖然知道吃糙米對身體好，但是吃了會想吐。媽媽過度講究飲食，限制太多，並不是件好事，所以寶寶看似故意和媽媽『作對』的行為，說不定其實是為了讓媽媽放棄過度的堅持。

看到這些例子，我不禁覺得，和身體吸收的營養多寡相比，頭腦和身體被壓力壓垮，變得硬梆梆，對生產造成的負面影響更大。

另外，我也聽過這樣的胎內記憶。有個寶寶說自己來自環境非常純淨、美麗的天界。那樣的地方沒有吃了會對身體不好的食物，所以他就像誤闖都市叢林的小白兔一樣，明知對身體不好，偶爾也想體驗看看。

但是發現真的不妙的時候，寶寶也懂得適可而止，他會喊停。具體表現就是媽媽吃了會想吐，或是吃了一些以後就吃不下了。有些懷孕的媽媽說自己原本非常想吃巧克力，想吃得不得了，但才吃一口就覺得夠了；也有媽媽無法克制地想吃拉麵，一連吃了好幾餐，吃到胃都痛了，接下來好幾天一想到拉麵就倒胃口。

我覺得孕婦會很想吃某樣食物，應該都有理由，只是理由外人不得而知罷了。孕婦只能自己思考、試探寶寶的心思，實際這麼做過的孕婦大多能釋懷，表示『我知道為什麼了』。所以我希望大家能更重視自己想吃什麼，不想吃什麼這件事。」

從醫學的觀點檢視世野尾女士與我們分享的經驗，應該可以從自律神經的調節功能來解釋。人體的自律神經分為負責踩油門的交感神經，以及負責剎車的副交感神經；緊張和不安會刺激交感神經，促進分泌大量讓身體僵硬的荷爾蒙，因而會連帶造成子宮無法順利收縮，身體不聽使喚。

反之，在副交感神經的作用下，我們可以放鬆，生產時身體不會過度用力，有助於產程的進行。所以緊張是身體的大忌，一緊張就要想辦法讓身體放鬆。尤其是生產對母子而言都是搏命演出，或許交感神經和副交感神經會在此時使出渾身解數，充分發揮合作無間的精神呢。

重視飲食是否營養均衡是件好事，但是請大家在注意營養之餘，別忘了考慮身體的調節功能。如果想吃不健康的食物，又擔心身體受影響，最好透過其他方式讓

自己寬心，消除緊張的情緒。

「受寒」造成的壓力

身體受寒也是重要的壓力源。一般人認為子宮受寒的婦女不容易懷孕，而且寶寶喜歡待在溫暖的肚子，而不是冷冰冰的肚子。不少小朋友的胎內記憶都為這點背書，他們表示：「媽媽的肚子裡面好溫暖，好舒服。」「好像在泡澡。」

喝下冰涼的飲料，孕婦如果覺得身體不適，甚至肚子緊繃，表示冰冷對腹部會造成壓力。

身體發冷，血管即會收縮，導致血液無法順利輸送到末梢神經，子宮也會收縮。如此一來，氧氣和血液便輸送不到腹部，讓寶寶覺得「居住環境不佳」。一如老人家要求孕婦綁托腹帶的習慣一樣，腹部的保溫是很重要的。

另外，有些覺得自己「腹部冰冷」的孕婦，並不是因為物質面的因素，而是因為精神面的壓力，導致覺得腹部冰冷。

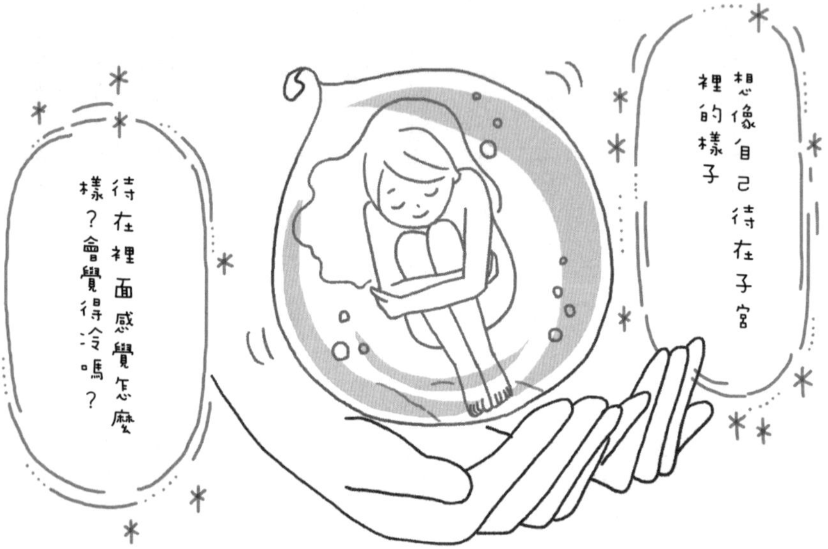
想像自己待在子宮裡的樣子
待在裡面感覺怎麼樣？會覺得冷嗎？

在我的診所裡，遇到孕婦出現肚子緊繃或覺得很難受的情況時，我們會請她們把自己想像成待在肚子裡的胎兒。我們會問孕婦：「請妳把自己當作胎兒，想像人在子宮的樣子。請問妳覺得舒服嗎？待在子宮裡的感覺怎麼樣？」或者把胎兒的3D影像投影在孕婦的手上，請教她：「請問妳手上的寶寶說了什麼？」透過這樣的體驗，約有八成的孕婦都順利發現原因為何了。也有人想像著腹部冰冷的樣子，最後發現原來是自己受寒了。

「過度活動」造成的壓力

孕婦過度活動，容易造成子宮收縮和肚子緊繃，但是多少活動量算過度，則因人而異。孕婦的精神狀態是關鍵的決定因素，從事一樣的活動，保持雀躍的心情，和做得不甘不願所累積的壓力當然不同，即使是外出旅行等活動也一樣。

勉強平常沒有運動習慣，不擅常運動的孕婦運動，可能造成肚子緊繃。爬樓梯雖然號稱是有助於安產的運動，但是孕婦本人若沒有意願，絕對不要勉強。

不過，無論是生產還是產後的育兒，都需要一定的體力，如果完全不運動，可能會吃到許多苦頭喔。所以我建議大家鼓勵自己多運動，但是要保持開心，做自己能夠負荷的運動。

雖然過度鍛鍊肌肉不是好事，但是對不運動就覺得渾身不對勁的人來說，要他們停下來，反而會造成更大壓力，導致快要生產時覺得很不舒服。照理來說，孕婦不宜跑步，但是我聽說有個非常喜歡跑步的孕婦，一直跑到生產前一天，而且平安生下寶寶。

我建議一般孕婦要運動，最好衡量自己的體力，並徵詢寶寶的意見，覺得身體不適就停下來休息。至於原本就喜歡運動的人，我建議暫停鍛鍊肌肉，改做拉筋和深蹲等可以放鬆股關節的動作（深蹲的部分請參照P.142）。

找出不安和壓力的原因

不論是肚皮緊繃、子宮疼痛，還是身體不適、想吐的症狀，做媽媽的最好要找出原因。因為除了媽媽本人，醫生和其他人都很難知道原因何在。總之，身體有狀況時，請先問問自己和寶寶，確認是來自於不安，還是其他精神壓力，或者是飲食、受寒、運動過度、其他身體壓力造成的。如果是不安造成的，要確認自己對哪一方面感到不安。

有位孕婦因為肚子緊繃得很難受，前來我的診所就醫。她本人一再強調「完全沒有壓力」。雖然她一口咬定「自己沒有壓力」，但其實並非真的沒有，只是她還沒有打算面對，這種情況還真常見呢。

接著，我請她想像自己進入子宮的情形，問她那是什麼感覺，她回答：「很僵硬。」接著我問她原因，她說：「因為我覺得那使我處處受到限制，很多事情不能做。」我仔細一問才知道，那位孕婦很喜歡自己的工作，很想回去上班，但是她的工作常常要跑來跑去，所以她認為「現在要好好靜養，不應該去上班」。

於是，我告訴她有個孕婦很喜歡運動，待在家裡反而壓力更大，最後我對她說：「與其壓力大到肚皮緊繃，還必需吃具有副作用的藥，妳不覺得去上班反而比較好嗎？」聽完我的話，她的臉上露出豁然開朗的表情，她問：「我真的可以去嗎？」之後，聽說她的肚皮已經不像之前那麼緊繃了，也不必吃藥。

俗話說解鈴還需繫鈴人，如果當事者本人能注意到壓力的問題，即有辦法自己化解。尤其是女性的感覺在懷孕期間會變得更敏銳，更容易察覺自己的情緒變化。即使只有幾分鐘也沒關係，我建議大家花點時間傾聽內心和身體的聲音，想像寶寶在肚子裡的狀態，我想光憑這點應該不難找出壓力的源頭。

自然產的注意事項

我希望大家注意的重點是，有些人雖然想要自然產，但是會對「靠自己」生產這件事感到不安。

不去醫院，選擇在助產院或家裡自然產的情形，在日本有一段時間幾乎絕跡，但是最近似乎有復甦的趨勢。盡量不借助他人之手，靠自己的力量生產，是非常可取的。以自然為本、仰賴本能的生產，應該可以讓孕婦的精神和內在更充實吧。而且，對母子雙方來說，想必會是很棒的經驗。

尤其是目前醫院的醫療，有過於重視肉體的傾向，對心靈和精神層面的考量還不夠周全。所以妳如果想追求考量到精神層面的全方位醫療，會不容易找到理想的醫院。

不過，選擇在醫院以外的地方自然產，必須冒著產後無法立刻接受醫療幫助的風險。為了降低風險，孕婦必須努力，而且現代人的生活方式已經和自然脫節。每個人都知道，沒做熱身操，套雙涼鞋就想爬喜瑪拉雅山是有勇無謀之舉，所以如果妳不希望醫療介入生產，妳就必須做好心理準備，盡量從飲食和運動方面雙管齊下，做好萬全的準備。

有一位在自然產過程體驗了「微笑生產」的媽媽這麼說：

「我覺得肚子裡的寶寶好像很希望我靠自己的力量把他生出來，所以我在懷孕期間一直努力傾聽自己內心以及寶寶的想法。為了達成安產，我設計了一套身心改造計劃。

在飲食方面，我會重視身體的意見，吃自己想吃的東西，我特別偏好傳統的和食。我不想給自己壓力，所以沒有限制飲食，想吃就吃。唯一講究的是，我會挑選天然的調味料。聽說砂糖吃太多會不利於子宮的復原，所以我盡量少吃，改用蜂蜜、楓糖漿和甜酒。此外，接近預產期的時候，我變得很喜歡喝覆盆子茶，據說覆盆子茶可以減輕生產的疼痛，幫助胎盤排出。

在運動方面，我選擇散步和瑜珈。我不會勉強自己，都是保持在愉快又能負荷的程度。

我在懷孕期間變得可以不用頭腦思考，改用『感受』的方式察覺身心的需求，以及寶寶希望我做的事。在我決定把決定權交給寶寶以後，心情變得很放鬆。我覺得保持放鬆、無壓力的狀態很重要。

因為找到適合自己的方法，所以整個孕期我都很輕鬆，沒有壓力，也沒有害喜和孕吐的症狀。產程進行得非常順利，肚子收縮的時候我一點都不痛，很享受整個生產過程。」

如果能像這位媽媽一樣信心滿滿地認為：「我一定會把小孩順利生下來。」自然產就是明智的選擇。當然，面對巨大的風險，會有人仍不安地想：「萬一到時候發生問題怎麼辦？」「生產的準備我是不是做得不夠充分？」**請注意，只要不安和身心的壓力還在，產程遲滯的情況就有可能發生。**

當然，即使選擇在醫院生產，產婦也無法高枕無憂。有時候，我覺得醫療從業人員如果能稍微體諒、尊重孕婦的心情，願意多花點時間說明就好了。如果醫院能夠更多元化，我想一定有更多孕婦能體驗「微笑生產」。

無可否認的，醫院的醫療介入至今已救回無數生命，當然不能被全盤否定。

有些醫院會尊重孕婦的想法，避免過度的醫療行為。有位媽媽告訴我：「老實說我真的很想靠自己的力量生產，原本打算在家裡或助產院生產。可是我擔心自己的身體狀況，最後決定在醫院生產。沒想到我剛好選到一家能夠盡量滿足自然產要求的醫院，而且萬一有緊急狀況發生，還能馬上接受治療，所以我最後得以在安心的情況下生產。事後回想起來，我做的選擇非常正確，而且成功做到微笑生產。」

聽到曾經「微笑生產」的媽媽，與我們分享的經驗談，讓我深深體會到，相信且尊重自己和寶寶，就是真正的自然產；**只要媽媽和寶寶之間產生了羈絆，不論選擇在什麼地方，以何種形式生產，我想應該都會平安順利。**

想要自然產的人，如果深思熟慮之後，還是擔心「身體準備得不夠充分」，妳可以考慮採用其他方式。畢竟生產最大的目的是讓寶寶平安出生，如果太在意生產方式而導致問題，就本末倒置了。

不安和壓力，是改變自己的好機會！

要消除不安和壓力，最重要的是抱持自己想辦法解決的心態，積極付諸行動。

俗話說天助自助者，唯有自己踏出第一步，周圍的環境才會出現改變的曙光。**反之，只是把自己的不安和壓力歸咎於家人、公司與周圍環境，到頭來還是不會有任何改變。**

就像本書開頭介紹的例子，那位本來要打點滴，但是針頭插不進去的媽媽告訴我：「我的直覺告訴我不需要這種藥，所以身體才會排斥它。我在懷孕期間有過好幾次類似的經驗，或許很多人會把針頭插不進去歸咎於醫生，但是我很確定問題都出在自己身上。不論周圍的環境是什麼樣子，一切都是自己造成的。」

目前有關於生產的資訊，已經多到滿天飛的地步，雖然時常可派上用場，**但是**

過多的資訊似乎會讓某些人無所適從。因為現在是可以接納各種聲音的時代，所以身為媽媽的人更不該把決定權交給他人。能否自己負起責任，找到適合自己的生產方式，考驗著媽媽的智慧。**用心傾聽、相信寶寶和自己，並且把母子的想法當作行事的依據，無疑就是生產的關鍵。**

某位歷經「微笑生產」的過來人與我們分享她的經驗：

「我想最重要的是，對自己和寶寶有信心，相信兩人真的有能力辦到。只要信心堅定，即使周圍的人意見很多，甚至有人講一些使孕婦不安、有壓力的話，孕婦本人也會覺得無所謂，認為不論發生什麼問題，應該都有辦法克服。

我透過自己的生產經驗，感受到每個嬰兒都有出生的能力，而且只要是女人，都有能力生下寶寶，讓孩子平安出生。但是這種能力是否能發揮，取決於媽媽。我想，在飲食和運動下工夫，同時保持心情愉快，使身心平靜安定，應該是讓這能力得以發揮的方法。

只要發揮這種潛藏於體內的能力，我相信生產一定會是美好的經驗。而且寶寶和媽媽的信心也會因此增加。」

據說還有一位媽媽懷孕之前便發現子宮的聲音，而那代表的其實是她的心聲。她決定相信這道聲音，因而順利體驗了「微笑生產」。她是這麼告訴我的：

「我覺得一個人只要察覺自己真正的想法，而且依照這個想法過日子，一定會得到幸福。在我正視子宮的心聲之後，我終於明白自己內心的想法。那道聲音告訴我，人的潛力無限，我只要踏出第一步，就能開發潛能。不論是壓力還是其他問題，應該都是為了喚醒這股沉睡的力量才會出現。」

確實如清水先生所說的，人體粒線體含量最多的部位是子宮。子宮位於掌管自律神經的下半身，是調節身體功能的位置。我們不要只靠頭腦思考，要意識到子宮和下半身的存在，同時傾聽、順從內心和身體的聲音。事實上，能夠體驗微笑生產，同時在公私兩方面都過得充實的媽媽，每位都很忠實地遵循自己內心的聲音。

發現並依照自己真正的想法行事，可以增加自信，活出自我，使所有的不安和壓力迎刃而解。

這麼說來，生產其實是一個改變自己的契機呢！

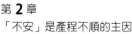

第3章

生產是快樂的

～「微笑生產」的經驗談～

本書已經介紹了何謂「微笑生產」和「不順利的生產」。

接著，請大家看看過來人的經驗談，

了解「微笑生產」的實際狀況。

每個人的狀況不同，所以想體驗「微笑生產」，

並非只要模仿過來人的行為就能如願以償。

看完本章，掌握「微笑生產」的具體狀況，妳便可以參考

他人的經驗，思考自己理想的生產方式是什麼。

孩子讓我了解，媽媽一定能和肚裡的寶寶心意相通

世野尾麻沙子　女士

▼寶寶透過自動書寫，向我傳遞許多訊息

我生了四胎，每個孩子都在我懷胎的時候，向我傳遞訊息。這些經驗讓我體認到：「凡是懷孕中的媽媽，都可以接收來自寶寶的訊息。」所以我至今一直在向其他媽媽推廣這個方法。

一開始是我家排行老二的女兒，利用宛如「附身」的方式向我傳遞訊息。我聽某個朋友說：「聽說有些胎兒會寫字。」所以我拿出素描本，看看會發生什麼事。沒想到我的手馬上不由自主地動起來，快速描繪出圖畫和文字。不論我怎麼看，這些字跡都不符合我的風格，圖畫也不像我畫得出來的樣子。但是，二女兒出生後，

不論我盯著素描本多久，紙面還是一片空白，所以我深信當時的文字和圖畫，一定是胎兒給我的訊息。

我把那時候的經歷，編撰成《我在出生前就和媽媽講話了唷》（書名暫譯，世野尾麻沙子．Momie著，池川明監修，二見書房）這本書。

二女兒透過筆談告訴我：「等畫滿十本素描本，我就會出生。」但是我還沒畫到第十本，羊水就提早破了。因為事出突然，所以我不是被送到預定的助產院，而是醫院。我原本以為自己大概會直接生產，但是在我等待生產的時候，我的手竟然自動拿起筆，在素描本上不斷寫字。最後，等到第十本素描本大功告成，我的二女兒才在強烈的陣痛下呱呱墜地。

原本女兒還提早告知我：「我會在某某地方出生。」我預定的助產院名字就是某某地方，所以我一直以為她說的是那裡。誰知道最後竟然在另一間名字完全不同的醫院生產，讓我非常納悶。後來我才知道，在那間醫院幫我接生的醫生，名字剛好和女兒預告的名字相同。沒想到女兒還有這一招，我真是忍不住覺得好笑。

▼生了老三後，生小孩變得輕鬆愉快

生了第三胎以後，我知道發揮五感的能力即能接收胎兒發出的訊息。自從我意識到這一點，訊息便接二連三地傳遞給我，而當時的經驗便成為我現在的基本授課內容。

我每次懷孕的時候，字跡都明顯變得和平常不一樣。其中有一胎時，我寫得一手好字，很開心自己的筆跡突然變得漂亮，但是小孩一出生，我又馬上恢復成難看的筆跡了。

另外，我懷孕時會有一個改變，那就是我在受孕之前，便會有「寶寶快來了」的預感。我家的孩子已經有弟妹出生的經驗，他還在受精那天問我：「媽媽，寶寶進入妳的肚子了。他什麼時候進去的呢？」

第三胎我選擇在家裡生。醫生會到家裡來為我接生，所以我利用待產的時間泡個澡，身體配合寶寶的動作活動一下。我已經事先聽說泡澡可以提高身體的靈活度、減緩疼痛，而且萬一寶寶直接在水中出生，也不怕掉到地上，很安全。醫生接到通知沒多久就到了，我泡完澡後，孩子一下子便出生了。從陣痛開始到出生，只花了短短四十五分鐘。

生第四胎的時候，我在助產院的另一棟大樓時，突然出現陣痛，而這次我只花了等助產士趕來的二十至三十分鐘，就把寶寶生出來了。那時，先是一陣強烈的陣痛襲來，我感覺馬上要生了，所以趕快進入浴缸就定位。三分鐘後，出現第二次的強烈陣痛，沒多久寶寶就出生了。

只有生前兩胎時，陣痛才讓我有痛不欲生的感覺。生後兩胎的時候，子宮口打開之前雖然有點疼，但是腹部用力、胎兒從產道生出來的那一刻，我卻有登上顛峰的快感。聽我述說自己的經驗，很多媽媽都深有同感地表示：「真的是這樣耶！」我們的經驗完全顛覆了「生產一定很痛」的普遍認知。

以我的經驗而言，初產時我花了很多時間去消除緊張，所以產程才會延長。不過，即使是初產，基本上只要確實掌握放鬆的技巧，我想生產不但不會痛，還會是美妙的經驗。

「微笑生產」會建立孩子的自信心

土橋優子　女士

▼順利生下第一胎

我繼承了爸媽從我小時候便開始經營的幼兒教室，直到現在。從我比較懂事以後，就常在爸媽的教室，和很多小朋友一起玩。拜小時候的經驗所賜，即使已經長大成人，我還是很了解小朋友的心情。

於是我懷孕時，也是自然而然地開始和肚裡的寶寶溝通。我想只要掌握竅門，這對每個人來說都不是難事。

我生了三個女兒。生大女兒的時候，我已經知道孩子會挑選自己喜歡的人當媽媽，所以想著：「如果我明白地表示自己希望哪種寶寶來當我的孩子，那麼喜歡這種個性的寶寶，就會來當我的孩子吧！」我當初許下的心願是「生一個能讓我充分體會為人母喜悅的孩子」。後來，我家老大果然不負我的期望。

我選擇在醫院生產，幸運地沒有遇到大問題，也接受了一般的醫療處置。雖然陣痛滿痛的，但不到難以忍受的程度，而且我覺得很幸福，認為在自己能力範圍內的事都有做到。只是那時幾乎沒有醫院採用袋鼠式護理（讓父母把新生兒抱在懷裡照顧），所以孩子一出生就被帶到育嬰室。當時因為寶寶黃疸過高，所以我等了整整一天還是不能見到寶寶，沒辦法一直把寶寶抱在懷裡。我想我永遠不會忘記當時有如寒風吹過的寂寞心情，只有那一刻，我覺得自己好像犯了錯。

雖然我難免覺得遺憾，但是出院後，我們母女便一天二十四小時形影不離。而且我馬上就可以感知寶寶的想法，例如在她噓噓、便便之前，我就已經知道她接下來要做什麼。雖然我這個新手媽媽當得既開心又幸福，但是相對地，我無法同理那些苦於育兒的媽媽。因此我的心裡響起了一道聲音：「妳是教小朋友的老師，怎麼能不了解家長的煩惱呢？」

生產和育兒皆令我吃盡苦頭的第二胎

猶如要證明那道聲音對我說的話，我生第二胎的時候，在生產和育兒的過程中吃盡苦頭，有如連續劇的戲碼在我眼前上映。當時我在家和先生吵架，在職場上狀況百出，整個孕期過得多災多難，而且我老是覺得肚裡冷冰冰的。生產時我住的那間醫院，一個晚上有十三個孕婦待產，所以在女兒出生之前的狀況就很離譜，發生了醫生不在場、搞錯分娩的順序等問題。

我不想給醫院添麻煩，於是和肚裡的寶寶商量：「妳能不能忍耐一下？」而寶寶也很配合地回應：「好，我會忍耐。」但是，選擇等待的結果是，好不容易輪到我上產台時，距離產道打開、產生排便感的時刻已經過了三個小時，所以我的體力已經消耗殆盡。雖然寶寶也說：「我再努力看看。」但她也沒力了。最後，我們兩個用盡渾身的力氣，才讓她出生。但是分娩的時間拖得太長，寶寶一出生就缺氧，一度陷入危險。經過醫院的緊急處置，女兒的呼吸好不容易恢復正常，沒想到洗澡的時候，護士不小心讓她掉進水裡，再次變得呼吸困難。雖然我對女兒在肚子裡向我提出的保證有信心，但是我們還是經歷了一刻都不可大意的緊急狀況。

以生老二的狀況來說，我是把周圍的情勢擺在第一位，而不是以她本人的需求為優先，而且原本呼吸已經恢復正常，卻再次呼吸困難的插曲，似乎在她心裡留下了陰影，從襁褓時期開始就睡得不安穩，只睡一下子便會醒過來，她在四歲以前從來沒有一次睡三十分鐘以上。當然我也因此沒得睡，在持續面對工作與育兒兩頭燒的困境時，我幾乎要得育兒憂鬱症了。但我心想女兒也是受害者，我當時的決定讓她留下不少難過的回憶。俗話說當局者迷，我想雖然當時我渾然不知，但這些苦難都是我心甘情願承受的。

▼以「微笑生產」迎接老三

我想用一個Happy ending告別生產和育兒，所以懷第三胎的時候，向寶寶提出了要求：「我要一個在最幸福的情況下出生，而且他會向我證實這一點的孩子。」

我反省自己之前做得不夠好的地方，盡量和肚裡的寶寶對話，盡量配合他的要求。事後回想，我認為這些改變所帶來的結果就是「微笑生產」。

雖說是「對話」，但其實是進行想像中的溝通，不過很神奇的是，不論我問什麼，一定會得到寶寶明確的答覆。即使只是雞毛蒜皮的小事，寶寶也會清楚地指示我。懷她的兩個姊姊時，只要我拜託她們，她們通常會依著我，但是到了第三胎，我才知道原來大小事都可以先和寶寶商量再決定。連她什麼時候要出生、陣痛可能在什麼時候開始，寶寶都事先告訴我了。

陣痛開始之後，我還和寶寶進行了對話：「姊姊的朋友說要來家裡玩，可以嗎？」「在八點半以前回去就沒問題了。」「OK，我請他們來囉！」寶寶甚至連小細節都一一指示：「陣痛每隔三十分鐘才來一次，還不用急著去醫院啦！」「媽媽差不多該去醫院了，如果太晚去，說不定醫生已經睡了，還是先去比較不會措手不及。」最後連我大概會痛多久，寶寶都預告了。

因為生大女兒的時候，有人告訴我：「吸氣會讓寶寶不舒服，所以盡量深呼吸，慢慢吐氣。」所以分娩的時候，我盡可能把氣吐得很長，陣痛當然不可能完全沒感覺，但是不至於讓我呼天搶地。和痛苦相比，反而是心中滿溢的喜悅更強烈，我想自己應該是沉浸在幸福、開心的情緒中，微笑地迎接寶寶誕生。

產程進行得很快，我記得躺上產台沒多久寶寶就出生了。寶寶生出來不像一般的嬰兒哇哇大哭，她非常安靜。事後看側拍的生產影片，聽得最清楚的聲音反而是病房的背景音樂。我充分感受到當時的生產過程有多麼的平靜祥和。

▼讓寶寶在生產過程中感受到愛

這次我選擇在一間私人的婦產科醫院生產，醫院在產婦生產後，會馬上安排母嬰同室。這次的醫院和以往的生產醫院都不一樣，院內的新生兒雖然很多，卻聽不到嬰兒的哭聲，氣氛很平靜。寶寶很快地送到我的房裡，和我共處一室，特別的是，寶寶不會無緣無故地哭，除了需要喝奶、噓噓和便便以外，其他時間都不哭泣。

因此我留下深刻的體悟：「寶寶出生後被媽媽抱著，完全不分開，其實是不會哭的。」另外，雖然我因為醫院內部的問題，在生產隔天就出院了，但是回到家後一切都很順利，在照顧方面也沒遇到問題。

老三很好照顧。她想喝奶和我脹奶的時間配合得天衣無縫，所以我完全不必擔心乳腺炎。工作正忙的時候，只要我問她：「媽媽現在不方便餵奶，妳可以等我嗎？」她總是露出「沒問題，交給我」的表情，而且每次喝奶都喝得飽飽的。

聽說大女兒在小女兒出生之前，兩人已經約好要當姊妹。大女兒第一次透過超音波看到胎兒的影像時，她想起胎內記憶，告訴我：「這個寶寶總算來了，我們在天上已經約好要當姊妹。我和她感情很好呢！」後來她決定守候在準備要生產的我旁邊，連晚上都不睡覺，一直陪著我。

小女兒的需求不但得到滿足，也受到眾人的祝福，在備受關愛的情況下出生。如今六歲的小女兒從出生開始，就是個很有主見的孩子，充滿自信心。雖然年紀小，但是看到她不輕言放棄的模樣，總是讓我肅然起敬。

我在幼兒教室工作上有了新體悟，我發現每個小朋友的想法都和自己的媽媽相通。只要體認到這一點，我想每個媽媽都可以知道肚裡的寶寶在想什麼。

生產的時候也一樣，只要母子心意相通，共同努力，我相信要達成「微笑生產」一點也不困難。不僅如此，生產後的育兒工作，做起來一定是得心應手。

我覺得每個寶寶生來都肩負不同的使命，每個人都有適合自己的生產方式，「微笑生產」或許不是唯一的選擇。對那些擔心生產與育兒過程會狀況百出的孕婦，我真心希望他們願意相信「只要信任寶寶就不會有問題」，勇敢地踏出第一步。

傾聽身體的聲音，讓我的生產充滿幸福喜悅

日本子宮委員長　Haru

傾聽子宮的聲音，讓我重拾健康，順利受孕

我以前是個藥罐子，得過的病可以洋洋灑灑列出一大串，包括子宮頸癌、子宮囊腫、精神、心理疾病、厭食症。為了調養身體，我開始研究飲食，有一陣子對「吃」斤斤計較，只要聽說哪樣食物對身體不好，我就一概不吃。但不知道為什麼，身體的狀況雖然一度好轉，但沒多久又惡化了。

有一天，我和一個我很喜歡的人一起吃飯。雖然餐點的味道很一般，但我的身體卻有如觸電般顫動。那一刻，我才恍然大悟：「以前我完全仰賴別人的知識，決定要吃什麼、不要吃什麼。我以前到底在幹嘛？怎麼能毫不在乎自己的直覺！這麼做太糟蹋自己了吧？」

從那個時候開始，便有一股直覺從下腹竄起。後來我才知道，女性的直覺經常從來自於子宮。另外，我也相信周遭環境的變化像一面鏡子，會反映一個女人如何對待她的子宮。

自從意識到子宮的重要性，我聽到保健新知時，總會出現不同於以往的念頭：「真的嗎？不是這樣吧！」我想只會拼命用頭腦思考，對靈魂的聲音充耳不聞、靈肉分離，正是我疾病纏身的原因。

所以我決定傾聽子宮的聲音，不管別人的看法，依照本能想吃什麼就吃什麼，想做什麼就做什麼。沒想到我的身體狀況反而好轉，恢復健康，不僅如此，經濟狀況和人際關係也頗有斬獲，過得充實又愉快。我變得不再壓抑自己的想法，所以有時候會出言不遜，但令我驚訝的是，他人反而能接受這樣的我。

有一日，我突然產生「好希望自己趕快懷孕」的念頭，但我還是依照本能過日子，沒做什麼努力，沒想到沒多久我就懷孕了。當初我想懷孕的時候，根本沒想太多，所以懷孕時還是未婚，但是我後來遇到的對象卻告訴我他願意當孩子的爸爸，於是我們就結婚了。他就是我現在的先生。

我在懷孕期間把直覺放在第一位，其次才是理論

升格為孕婦，難免會擔心「如果吃了對身體不好的東西，肚子裡的孩子會怎樣」，所以我又開始走回頭路，重新依據「理論」來選擇飲食的習慣。但不知道為什麼，我突然對薯條、泡麵、餅乾等垃圾食物充滿興趣。後來我心一橫，想著：「既然身體想吃，我就不應該阻止它。」於是我完全遵循身體的本能，不論想吃什麼，通通都吃到過癮，狠下心來過著極度不養生的懷孕生活。唯一上得了檯面的，大概只有我變得很喜歡蘋果，沒事就吃而已。

出自「我不想走路」的直覺，我連一般孕婦被耳提面命一定要做的運動，也都沒有做。體重計的數字變化，雖然讓我看得膽顫心驚，但是我收到的訊息告訴我：「最好胖到自己覺得夠了的程度。」多虧有這個訊息當我的擋箭牌，我去醫院產檢的時候，雖然被醫生罵得很慘，但是心裡卻浮現一道聲音：「依照我的方式來就好，不要指揮我。」更讓人驚訝的是，我的醫生突然倒地不起了。我驚訝歸驚訝，

卻更有信心了，我想：「果然我心裡的那道聲音才是正確的。」

我可以依照直覺，從寶寶踢肚子的方式和味道等，接收他想對我傳達的訊息。我確定我的寶寶告訴我：「媽媽想做什麼都可以。」我感受到他希望我「為所欲為」的心意。

在整個懷孕的過程中，我沒有付出一絲努力，過得相當隨心所欲，所以不只整個孕期，面對生產我也沒有感受到任何壓力。大多數的時候，我不是很開心，就是很幸福，現在回想起來，那的確是一段非常美妙的時光。

雖然我是生第一胎，但是完全沒有害喜的症狀，生產過程只花了兩小時。寶寶出生後很健康，成長也很順利。孩子長得很可愛，受大家的歡迎，因此我「母以子為貴」，變得充滿自信。

我的身材產後迅速恢復。臨盆前我總共胖了十七公斤，但是產後瘦了二十五公斤。此外，我和先生的婚姻生活、工作，也都順心如意。

▼子宮的情緒排毒很重要

現在的我會用子宮來感受自己真正的欲求，再決定要釋放這股需求，還是向別人表達。目前我亦傳授「子宮Method」，向大眾推廣子宮的力量。釋放欲求可以提高免疫力，促進身體健康，現在已有很多人受惠於這個方法。

我認為女性最真實的感受，大概會來自於陰道這一帶。壓抑情感而無處宣洩，情感就會囤積在子宮。我想，應該有不少人因為不斷壓抑自己的情感，導致情感過量累積於子宮，讓精神和身體都變得極不穩定，甚至迷失自我。舉例來說，有些子宮囊腫的患者其實很想表現自我，甚至不惜讓肚子開個大洞，希望別人看到裡面的自己。

日本目前有很多女性都苦於子宮的疾病。我猜這或許是身為女性的我們，容易在乎別人的眼光，非常想在眾人面前展現完美的一面，所以絕對不輕易吐露真心話。就像子宮只能感受當下的心情一樣，我們最應該重視的是當下的感受，但是我們卻寧願捨近求遠，只在乎過去與未來。

子宮在懷孕、生產的過程中會不斷伸展，但是孩子一出生，又會縮回原狀。因為子宮會受情緒牽動，所以絲毫的情緒波動都會影響子宮。因此，生產對子宮而言，是千載難逢的排毒時機。

此外，生產對子宮而言是很大的耗損，如果又有情感的動搖，無疑是雪上加霜，若因此造成產前憂鬱症或產後憂鬱症也不足為奇。不過，只要妳明白這是子宮收縮所造成的，我想大部分的人便能放寬心，不鑽牛角尖。

受孕後，胎兒會待在媽媽的子宮裡成長，當然也會受到累積於子宮的情緒所影響。我完成情緒排毒的時候，也真切體會到我母親子宮內的情緒，對我的影響有多深。

舉例來說，假設有個孕婦一直放不下心，擔心著：「萬一生出來的寶寶不健康怎麼辦？」那麼，即使她吃得很健康，**光靠飲食的加分還是不足以抵銷不安造成的危害，而令她不安的情況很有可能實現。**我想以下這些常見的例子，便可證明這一點：有些媽媽在懷孕時期用心呵護自己的健康，但在生產時還是狀況百出，或者生下具有先天性疾病的孩子。

話說回來，如果令妳不安的情況真的實現，其實也是個不容錯過的機會，因為我認為只要能正視自己的不安，並且包容這樣的自己，人內在的情緒包袱就能夠一掃而空，不再是沉重的負擔。

最後，我真心建議各位女性朋友，在懷孕之前仔細衡量子宮的情緒包袱。如果太沉重，請想辦法一吐為快，或者花時間練習如何向別人表達。若妳做到這兩點，應該就會擁有快樂的孕期生活。在這種狀態下，即使出現負面的情緒也無需介意，因為這是人之常情，而且可以藉機告訴肚子裡的寶寶：「孩子，這就是人生啊！」我想只要理解這一點，不論是面對生產或育兒，媽媽應該都會很篤定，保持愉快的好心情。

相信肚裡的寶寶，擁有完全安心的生產過程

T女士（化名）

懷孕前的奇妙經驗

我並沒有靈異體質，但是在懷孕和生產這段時間，我卻經歷了許多不可思議的事。

我和先生婚後過了一段時間便達成共識：「從這個月開始我們可以準備懷孕了。」剛好在這個時候（後來推算回去，大概是受精的一個星期後），我親眼看到一道白中帶青的光芒，從天花板慢慢下降，進入我的肚子。緊接著，我感受到肚子裡有一股強烈的意志。我很確定這不是我，而是另一個人的意志。我自認是個很有主見的人，但是這個人的意志更強，十個我也比不過。所以我大吃一驚，心想：「到底發生什麼事了？」

我感覺到這股強烈的意志相當有主見。這個尚未出世的寶寶不但親自挑選未來的父母，連他想要的生活方式、想擁有什麼樣的身體，以及出生後的重大決定，他都自己選擇了。所以我想，既然這個孩子很清楚自己要的是什麼，我就盡量配合他吧。這個決定我下得很篤定，沒有絲毫不安。

生產的時候也一樣，陣痛來臨時，我心想：「這種痛證明寶寶很有力量啊！」所以我一點也不覺得痛苦。與其說我在生小孩，不如說我只是在幫忙寶寶出來。感覺他需要氧氣的時候我就深呼吸，抱著期待的心情為肚子裡的寶寶打氣：「這個世界很好玩喔，這是我們兩個第一次合作，別擔心，只要我們同心協力就不會有問題。」或許是因為我很放鬆，所以從羊水破掉到出生，只花了兩個小時。

不僅如此，從孩子出生到一個星期左右，我真的親眼看到各種顏色的光線，如泉水湧出。我當下認為，不論是哪個人出生，一定都會從某處收到熱烈的祝福。

第二胎在朋友家生產

我第二胎懷的是女兒，她出生的日子比預產期早很多。那時候我和兒子兩個人剛好去朋友家玩，而且住在朋友家，我和兒子睡在二樓的房間。房裡一片漆黑，原本沉睡的我突然醒來，發現自己的左手變成透明的，被氣場一樣的光包圍著。我第一次看見這種情景，看得我目瞪口呆。我當時心想：「生第一胎的時候，老天讓我親眼目睹孩子會化為一道光，這麼說來，不論大人或小孩，或許每個人的本質都是光。以前我都沒發現這一點，我真是傻瓜。」接著，我開始嚎啕大哭。

兒子醒過來了，他下樓去找朋友，留我一個人待在漆黑的房間。我開始覺得肚子有點緊繃，隱約知道「我快生了」，接下來，我便把意識集中在肚子裡的寶寶和自己的身體。

陣痛開始之後，我很清楚寶寶的需求，包括她想要怎麼呼吸、希望身體保持什麼姿勢，而我也認同她，心想：「既然寶寶覺得這麼做最好，我就試試看吧。」我按照她的指示活動身體。

一開始我像蝴蝶一樣擺動腰部，站起來轉動腰，還做瑜珈、四腳著地趴下來、邊笑邊跳舞，我讓身體做主，不經大腦思考。就像肩膀痠痛時，每個人都會自然地轉動肩膀，所以我想每個女性一定都辦得到。

在懷孕之前，我本來就很注重飲食和運動，隨時傾聽身體和心底的聲音，所以自認感覺還算敏銳。

盡情活動身體之後，我竟然感覺不到陣痛了，只有通體舒暢的感覺。隨後我感覺到一股逐漸下降的力量，意識到「寶寶馬上要出生了」。那時，我真的有感受到一股高潮般的快感。我覺得寶寶的頭應該出來時，她的身體馬上就跟著出來了！

從輕微的肚皮緊繃到寶寶出生，總共花了兩個半小時。寶寶一聲也沒哭，只是打個深深的呵欠，大力呼吸，一臉安心地看著我，露出微笑。四周昏暗，她沒有哭，只是骨碌碌地轉著眼睛，冷靜地看著周遭環境。所幸我的出血量不多，會陰也沒有撕裂，整個生產過程非常順利。因為產程過於安穩寧靜，連一樓的朋友都渾然未覺。

我原本預計在家裡生產，所以事前做了充分的準備和功課，再加上我本身是護士，又是生第二胎，多少具備了相關的知識和經驗。多虧這幾點，我能夠冷靜應付這次的生產。

▼女人天生都有生產的能力！

現在回頭想想，女兒在我肚子裡的時候，我已經收到她給我的訊息：「我希望媽媽相信我，我一定可以自己生出來。」連兒子也告訴我：「妳生小貝比的時候，旁邊不會有半個人喔。」那時聽他這麼說，我還想：「怎麼可能！」沒想到真的被他說中了。

不只如此。早在懷孕之前，兒子便告訴我：「小貝比已經從宇宙出發，正在來我們家的路上，這次是個女孩子喔。我們在天上就約好要當兄妹了。」那時我的生理期已經結束，所以我知道自己沒有懷孕，沒把兒子說的話當真，不料兩三天之後，我突然很想和先生親熱，沒想到就在那次行房受孕了。如果真的如兒子所說，那麼在我們夫妻行房前，寶寶已經從宇宙出發了。換句話說，若寶寶想投胎，他就有足夠的力量，促使爸媽行房嗎？

生產之後，又發生了讓人嘖嘖稱奇的事。我生下女兒便馬上打電話給先生，而他剛好因為出差，人在電車上，正要經過離朋友家最近的車站。我朋友家離我家很遠，兩地的距離超過兩百公里，照理來說，要湊巧經過的機率微乎其微。但是拜這樣的巧合所賜，我先生可以馬上下車，探望剛出生的寶寶。

根據上述的種種經驗，我相信寶寶誕生到世上之前，或許已經選好進入媽媽肚子的時間和出生方式，而且也有能力選擇對大家來說最方便的時機，甚至可以依照自己的意思，影響身邊的人採取行動。

我只是一介凡夫俗子，毫無過人之處。但是我能經歷如此特別的生產過程，我想是因為我的孩子做了這樣的選擇。另外，我認為我的孩子想傳達這個訊息：「寶寶擁有很強的力量唷，媽媽也是。其實每個人都擁有這樣的力量呢，所以請妳一定要有信心。」

我希望接下來想要迎接寶寶出生的女性，要先對自己和寶寶有信心，相信雙方都擁有強大的力量。接著，為了讓這股力量完全發揮，請仔細傾聽自己的身心和寶寶的聲音。

寶寶會自己決定要怎麼出生，所以我們做大人的，最好盡量尊重他的想法；如果寶寶能得到媽媽的包容，我想他一定會很開心。

只要對寶寶有信心，抱著放鬆的心情享受生產過程，我想寶寶一定會開心地出生，因為我的兩個孩子，已經讓我親身體驗到這一點了。

第4章

「微笑生產」所需的準備

生產使人感受強烈的快感和幸福感

接下來，我們一起來思考，要達到「微笑生產」，必須做哪些準備。大多數的孕婦對生產最大的不安莫過於**「陣痛讓人痛不欲生」**，所以我們先來想辦法解決這個問題。

許多歷經微笑生產的媽媽，似乎都順利地解決了疼痛問題。有些人表示：「痛的時間很短，只要忍耐，一下就過了。」也有人的經驗是「一點都不痛」、「不會讓人痛到受不了」，甚至有人說「感覺到快感」。

生產時，子宮口會急速擴張到十公分，分娩結束才會縮回來。為了促進子宮口的開闔，身體會分泌具有鎮痛效果的腦內啡，以及號稱愛情荷爾蒙的催產素。在這兩大激素的作用下，**生產時，產婦會產生強烈的快感和幸福感。**難怪有些媽媽會說，自己體驗到前所未有的高潮和無比的幸福感。

在池川診所，**我們從許多產婦的經驗，看到信心對陣痛的影響。如果產婦與寶寶心意相通，願意相信自己與寶寶，她感受到的陣痛會較輕微。**

目前科學已經證實腦內啡和催產素的分泌量，與心情的放鬆程度成正比。媽媽和寶寶是否心意相通，對放鬆心情來說很重要。

人生中可以體驗身體激烈變化的機會並不多，所以我奉勸大家不要有反感或心生恐懼，請帶著珍惜寶貴經驗的心情，安心面對生產過程中的身體變化吧。

免受陣痛折磨的訣竅

另外，世野尾女士會以這樣的方式指導孕婦克服陣痛。

「人的身體感覺分成實際體驗和想像兩類。什麼也不想，咖啡喝起來就是一般咖啡的味道，但是抱著『這杯咖啡真難喝』的想法，人會真的覺得咖啡變難喝；光是想像口中有顆酸梅，口水就會不斷分泌，即使根本沒吃；想像這是自己心愛的偶像喝剩的咖啡，即使冷掉了，喝起來也覺得滋味格外不同。另外，我們平常站著的時候，幾乎不會意識到腳的存在，但是如果被人要求『感覺腳的存在』，就感受得到。大家都以為實際的感受一定最正確，而且永不改變，殊不知多了想像，人的感覺便會和現實相差十萬八千里。

陣痛當然是實際的感受，但是如果加上適當的想像說服自己『雖然痛，但痛起來很舒服』、『等到這陣痛過去，接著就是快感了』、『多虧了產後陣痛，身體的毒素才可以排乾淨』，那麼妳接收到的感覺便截然不同。妳不只可以轉移對疼痛的注意力，也能用積極的態度看待疼痛。

另外，陣痛像海浪一波波地來襲時，緊張與和緩會持續交替。身體若先用力再放鬆，放鬆的效果會最好，所以把陣痛當成達到放鬆的手段，感覺就不會那麼痛了。妳可以把陣痛想像成腳底按摩，腳底按摩雖然很痛，但是肌肉放鬆後，會很舒服。雖然剛開始很緊繃很痛，但之後的舒服程度會加倍。基本上接受腳底按摩的人，會覺得不論按到哪裡都痛，但其實會覺得痛是因為過於緊張，所以越把注意力集中在下半身，感覺就越痛。

陣痛剛開始時，減輕疼痛的訣竅在於，轉移注意力。舉例來說，小朋友跌倒痛得哇哇大哭時，如果看到喜歡的卡通影片，注意力立刻轉移，哭聲會瞬間停止。大人也不例外，在電視上看到自己喜歡的偶像時，即使是折騰人的牙痛，也可能被拋到九霄雲外吧。利用這個道理，大家便可以運用意識學（Sophrology），專注在自己的想像，或者利用拉梅茲呼吸法。想著心儀的帥哥也行，或者專心想著肚子裡的寶寶，打開電視或電玩，讓自己徹底沉浸其中也不錯。

等到陣痛的波浪慢慢趨於和緩，改將注意力轉向身體。如此一來，妳會覺得很舒服。

接下來，**自在地活動身體是另一個關鍵**。緊張會導致身體無法活動自如，所以我建議大家動一動臉部、肩膀、腰部和脖子，讓骨盆和肩胛骨放鬆。

日本有一種歷史悠久的傳統技巧，至今備受許多孕婦和助產士的肯定。這種技巧由多才多藝的舞蹈家飯田茂實所創。他把這套技巧稱為「三種身體之寶（暫譯）」。當然，除了這套方法，可能還有其他具有相同效果的方法，不過學會這套方法，真的可以讓身體活動自如。總之，讓身體依照妳喜歡的方式活動，就可自己調節骨盆和產道的角度，使生產輕鬆許多。」

正如世野尾女士所說，如果身體很柔軟，產程會進行得很順利，反之，緊張會造成身體僵硬，所以想辦法讓身體放鬆很重要。

酒窩株式會社的清水先生也說：「人若緊張，手會不由自主地握拳，或者雙臂交插環抱於胸前，但是這麼做會適得其反，讓身體更僵硬、緊張。不過，只要把手

指盡量張開，向身體下達放鬆的指令，放鬆的感覺就會從指尖慢慢傳遍全身。若能張開雙臂和手指，雙手向上舉起會更好。生產時動不了下半身，只做這個動作就會很有效果。」

利用深蹲消除身體的緊張

要提高身體的柔軟度，「深蹲」是我特別推薦給孕婦的運動，而且做起來不難。池川診所會建議身體健康的孕婦，最好一天做超過五十下的深蹲。

雖然不是絕對，但原則上，深蹲做沒幾下就覺得累的孕婦，較容易產程不順，反之則順利許多。我遇過一天做不到十下的孕婦，產程的時間拖得很長，遲遲不見進展。一天可做到三十下就算達到順利生產的標準，但產後的育兒需要體力，只能做三十下恐怕還是不足以應付育兒工作。所以儲備生產所需的體力時，要一併考慮產後所需的體力。

能做到五十下以上的媽媽，不論是生產還是產後育兒，基本上都不會遇到太大的問題。深蹲次數的多寡雖然並非絕對，但是能夠達到一百下以上的人，不但生產的速度快，產後的復原也很順利。**所以儲備生產所需的體力時，一定要把產後育兒納入考量。**

生產順利與否的關鍵在於，產婦是否能放鬆股關節，骨盆有沒有打開。要放鬆股關節，重點不是鍛鍊大腿的股四頭肌，而是讓肌肉柔軟有彈性。所以建議大家做深蹲運動，要注意股關節是否能輕鬆彎曲，而不是強化肌肉。

包括騎腳踏車在內，日常生活的某些動作有時會造成骨盆歪斜。骨盆歪斜很可能成為腰痛和恥骨疼痛的原因，而且可能導致產程遲滯，而深蹲可以調整歪斜的骨盆。

「為了順產，要多做青蛙蹲」是日本行之有年的方法，也有人說擦牆壁、掃廁所等附帶拉筋效果的家事有益於孕婦。深蹲運動據說兼具養生與瘦身效果，連日本演藝圈的常青樹——黑柳徹子女士，也曾在電視節目透露，她能永保健康，而且吃再多也不會胖的秘訣，就是每天一定會做五十下深蹲。

利用刷牙、吹頭髮等零碎的時間，順便做深蹲運動！

10下 再加把勁吧！

30下 可以提高安產的機率喔！

50下以上 產後育兒也能遊刃有餘囉！

五十下深蹲不必一次做完，只要在一天內完成即可。
目的不是鍛鍊肌肉，所以請保持輕鬆愉快的心情深蹲。
深蹲可以讓會陰在生產時變得有彈性，減少撕裂傷，
還有改善腰痛和尿失禁的效果。

做深蹲運動時，可以自己調整適合的次數和蹲下的高度。建議大家量力而為，如果做了會對心臟造成負擔，或是已經被醫生提醒有早產的風險，必須靜養的人，千萬不要勉強自己。

懷孕前就養成深蹲習慣，是最理想的。即使一開始做不了幾下，但只要妳馬上付諸行動，次數就會不斷增加。很多人經過一段時間的練習，據說就可以利用刷牙和吹頭髮的幾分鐘，輕鬆做完三十至五十下。最晚從生產前一週開始做，仍會帶來明顯的效果。如果先生也有運動不足的情況，不妨邀他一起做。

清除心靈的蜘蛛網

為了達成微笑生產，當然要做好生理上的準備，但也不能忽略精神上的準備。導致孕婦不安的因素很多，**唯有本人才有能力「對症下藥」，把自己的心情調整到安心生產的絕佳狀態。**

有時候，即使做好孕期的健康管理，還是會有肚皮緊繃等不適出現，或許是因為來自心理上的壓力。但是很多人卻寧願選擇對壓力視而不見，或者根本渾然未覺。但是，壓力沒有消除，就可能成為分娩的隱憂。

若有肚皮緊繃等不適症狀，選擇吃藥只能治標，反而可能錯失治本的機會。**遇到這種狀況，最根本的解決之道是拿出勇氣，正視自己的心，好好整理情緒。**

追溯不安與壓力的源頭，通常不難發現不安與壓力來自孕婦本人的心理創傷。湯瑪斯．維尼博士在《胎兒懂媽媽的心——不要在孕期、生產、育兒的過程中，讓孩子留下心理創傷的科學》（書名暫譯，潘美拉．威瑟合著）提到：**「生產前，記得先把心靈的蜘蛛網清理乾淨。」**孕婦小時候的心理創傷不但會影響胎內環境，甚至會影響寶寶的人生，實在應該盡早消除，以免危害媽媽與寶寶。

人的心理創傷有七八成來自人際關係，而且親子關係佔大多數。以我在現場看到的經驗而言，親子關係造成的心理創傷，對懷孕、生產造成負面影響的例子不在少數。但是，只要孕婦能發現創傷的存在，並且想辦法消除，多數人都能更加自我肯定，順利生產。如果能利用這個機會消除和家人的芥蒂與心結，也是好事一樁。

維尼博士基於會影響胎兒的理由，建議女性朋友懷孕前要先消除心理創傷，不過無論從什麼時候開始，都不算太遲，即使到了孕期或生產結束才消除心理創傷也沒關係。若能消除童年的陰影，日後的育兒會產生一百八十度大轉變。舉例來說，如果能成功消除兒時受虐的心理創傷，即可避免悲劇再次發生，讓他們的下一代不再面臨虐待的威脅。

池川診所曾遇過不少孕婦，因為親子的隔閡與衝突而產生壓力，造成產程遲滯。曾經有位孕婦明明子宮口已經全開，但是生了好幾天，寶寶就是生不出來。一般而言，子宮口全開，寶寶通常會在兩個小時內出生，所以子宮口全開，意味著產程已接近尾聲。但是這位孕婦卻非如此，陣痛忽強忽弱，而且一再反覆，寶寶卻沒有要出生的跡象。再加上她本人希望自然分娩，不想使用催生藥物，所以我們決定能等多久就等多久。

等了三天左右，診所內的工作人員發現，當孕婦的媽媽來探望，她的陣痛就會減弱，但媽媽回去後陣痛又會逐漸增強，所以我們不禁懷疑：「原因會不會出在這位孕婦的母女關係？」

於是我們向她探口風，想了解她和媽媽相處的情況。一問之下，我們發現她似乎對自己的媽媽充滿怨恨，完全沒有一句好話。可能是對母親的負面情緒，導致她累積了許多壓力。

聽到我們提議：「妳要不要向媽媽表達妳對她的想法呢？」她說她不想直接說，所以我決定當她們的傳話人。她媽媽下次來的時候，聽到我的轉告：「您的女兒似乎對您有點不滿意。」她非常驚訝，彷彿做夢也想不到女兒會這麼說。這位母親告訴我：「她知不知道我花了多少心血才把她拉拔長大？她有沒有算過我以前天天早起，替她做了幾年的便當？我做的每件事都是為她好，沒想到卻被她嫌得一無是處。」

做女兒的聽了媽媽的說法才發現，自己一直把媽媽的付出當成理所當然。

談著談著，這位女兒終於知道自己不該心存怨懟，而應該滿懷感恩。母女兩人

解開心結之後，強烈的陣痛隨即到來，寶寶立刻誕生。

這次的經驗深深讓我體會「原來壓力對生產的影響這麼大」。所以我才會奉勸各位，在生產之前，最好先解決人際關係的壓力。

有時候，或許我們自認「可以挑出對方一籮筐的缺點」，但是其實一一細數，通常只有二至三個。會產生多達十個缺點，只是因為我們在心裡一直嘀咕，重複計算。不斷放大對方的缺點，最後就會覺得對方一無是處。其實，只要願意坦率地提出問題，或用其他方式表達自己的想法，原本的埋怨就會變成感謝，問題應該也能迎刃而解。

主動發掘優點，尋找感謝的理由

遇到親子關係出現問題，自己和父母無法融洽相處的狀況，我建議妳想想父母為了妳做了哪些值得感謝的事。**一般人很容易忘記感謝身邊的人對自己的付出，眼中只有對方的缺點**。這就像一整個盒子裡，裝的都是對方值得我們感謝的「事蹟」，但是很多人只看到隱藏在角落的「小缺失」。

如果妳想抱怨媽媽，首先我們必須想到，她可能是從小煮飯給妳吃的人。或許有人認為做頓飯沒什麼大不了，但是要每天持之以恆地煮，需要耗費不少體力。如果對象換成鄰家大嬸，誰會願意天天替妳做飯呢？即使妳認為媽媽本應照顧小孩，我們還是應該心存感謝。即使媽媽做了一件讓妳記恨的事，但是她對妳的付出，絕對超過十件。只要靜下心來冷靜思考，我相信妳一定找得到媽媽對妳的付出。

回首往事，或許會讓許多新仇舊恨一齊湧上心頭，即使如此，還是請大家捫心自問：難道全部都是不好的回憶嗎？我想有些人對父母的記憶只有「暴力」這兩個字，但是仔細回想，應該不至於如此不堪，例如「以前曾帶我去吃大餐」、「全家曾經一起出遊」等，不論再怎麼滿目瘡痍的家庭，至少做過一兩件快樂的事吧。

一個人在襁褓中，嗷嗷待哺的時候，不可能不受別人的照顧，即使妳討厭身上的舊衣服，但是只要妳不是一絲不掛地走在路上，就代表有個人至少幫妳穿上衣服了。有人為自己付出心力與勞力，光憑這點就應該心存感謝吧。感謝的心可以改變我們看待事物的眼光。

發掘優點對消除不安來說很有幫助。據說一句負面話語所造成的殺傷力，可以抵銷五至十句好話，所以十個人當中只要有兩個人說消極的話，這十個人的想法通通會變負面。為了使情緒不受負面的話語煽動，唯一的方法是找出優點來與之抗衡。如果還是產生了不安的情緒，就想想五到十件好事，讓心情轉憂為喜。為了避免憂慮造成產程不順，隨時尋找值得讚美的優點與好事，應該是最務實的作法。

任何微不足道的小事都沒關係，例如「一早起來神清氣爽」、「今天的飯菜真好吃」、「孩子有向我說早安耶」等等。只要處處留心，感到幸福並不困難。

家人和醫生說的話可能是不安的根源，但是念由心生，只要大家盡量正向思考，例如「媽媽愛我，當然會擔心」、「醫生說這些話是為我著想」、「起碼別人還替我費心，我應該心存感謝」，我想應該能消除一部分的不安。

相信自己和寶寶，篩選有價值的資訊

隨著時代的進步，現在每個人都可以透過媒體與網路，輕易得到大量資訊，我想初次懷孕的新手媽媽，應該因此獲益不少。不過，也有不少人覺得，資訊多到讓人不知道該相信哪一種說法。

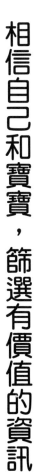

舉例來說，人們對胎兒有沒有自我意志、胎教的必要性等問題的看法非常分歧。再者，有人主張「選擇在助產院和家裡生產的人太不重視安全，最好的選擇當然是醫療設備完善的大醫院」，但也有人認為「把人為介入減到最低的自然分娩，可以加強親子的羈絆」。

為了增進母子關係，在醫院生產完馬上採取袋鼠式護理（母嬰同室）的例子增加了，但有人認為袋鼠式護理有風險。不過，從醫學的觀點來看，尚未有明確的數據證實袋鼠式護理的優缺點。

育兒知識也有一樣的情形。以前人們認為從科學的角度來說，配方奶的價值高於母乳，但是如今母乳的價值已得到平反，許多專家不斷鼓吹餵母乳的好處。話說回來，餵母乳雖然好處多多，不過許多喝配方奶的孩子一樣長得頭好壯壯。比較孩子成年後的身體狀況，很難分辨喝母乳和配方奶的差異。

另外，很多傳統的老人家都說「不要太常抱嬰兒，以免讓他們養成習慣」，但是現在流行的說法是「小嬰兒常被抱，會比較有安全感」。但是，倘若嬰兒一出生就住進保溫箱，或是媽媽因為身體虛弱沒辦法抱嬰兒，也不代表他長大一定比別人沒有安全感。

大量的資訊當中，夾雜著一些極偏激的意見。例如有人主張不論生產或育兒，依賴科學技術最有保障，也有人相反，強調要排除一切人為的介入。這種情況就像有些人只要孩子打個噴嚏，便急著帶他去看醫生，但也有人不論病得再嚴重，也堅持不就醫。

我並不認為極端作法絕對不行，不過既然有黑也有白，或許在兩者間取得平衡，會是更理想的選擇。

如果沒有醫生願意執行剖腹產，有些孕婦可能會面臨生命危險，但如果所有醫生都動不動就要孕婦剖腹，又會演變成什麼局面呢？在這兩種過於極端的情況之外，若有第三種意見「應該可以採取自然分娩的方式」，或許是較理想的。

我想提醒大家，過於偏袒某一方的意見，容易有所侷限，無法接納其他意見。若抱持「只能這麼做」的偏執想法，而事情不能如願時，妳會受到加倍的打擊。

舉例來說，如果有個媽媽打算自然分娩，也堅持要全母乳哺餵，而萬一她被迫剖腹產，或者奶水不足只能餵配方奶，那麼她會覺得自己在生產與育兒上的表現就是不及格。

以前有段時間吵得沸沸揚揚的環境荷爾蒙，是導致子宮內膜異位和不孕症的危險因子。所以有人主張對環境荷爾蒙一定要抱著「去之而後快」的態度。但是，反應過度只會讓自己累積不必要的壓力。

擇善固執不是壞事，但是若妳深信不疑某種想法，最後如果無法如願以償，妳承受的痛苦會加倍喔。

以前大家普遍相信權威，但是現在這個時代，每個人都會從大量資訊當中，精心挑選適合自己的內容。不被別人的意見左右、自己掌握人生、為自己負責的態度很重要。

歷經「微笑生產」的媽媽都有以下的共通點：她們相信自己與寶寶，自己選擇

原來有這種方法啊！
為自己負責，選擇合適的方式！

要走的路，也自己承擔責任。

每個寶寶都有自己的想法和願望，有些小朋友希望盡量以自然的方式出生，有些小朋友出於安全考量，傾向讓醫療介入生產。如果寶寶希望以自然的方式出生，情況也允許自然產，或許就不必動用太多醫療的力量。

反之，如果寶寶最看重的是「安全出生」，卻因為媽媽對生產方式的堅持而未能順利出生，那真的是非常遺憾。

總之，我希望各位皆能尊重寶寶的選擇。

以愛為出發點就是最佳的選擇

身為一個婦產科醫生，在生死僅有一線之隔的醫療現場，我時常要面對人工墮胎、流產、死產等情況，看著未出世的生命殞落。很多經歷過這種椎心之痛的人，即使事隔多年，依然會後悔地想「如果那時候我這麼做」、「如果我當初選了別條路」……

胎內記憶的研究結果顯示，有些投胎的靈魂只是抱著「蜻蜓點水」的心態造訪人世，並沒有打算久留。一般的靈魂都打算長期停留，但也有只想來人世一日遊或小旅行的靈魂，這種靈魂在投胎前，會用心挑選能夠承受孩子不久人世的母親。雖然在我們凡夫俗子的眼中，死亡意味著悲傷，而早夭的孩子很可憐，但是從靈界的觀點來看絕非如此。

如果媽媽讓在出生前，已經預計要離開人世的孩子出生，或許會讓這個孩子感到困擾。因為這就好像要一個兩手空空沒有行李的人留下來過夜一樣，肯定讓他手忙腳亂。雖然希望孩子平安出生是母親的最大願望，但是對孩子來說卻是苛求，所以媽媽必須助他一臂之力。

我們都以為能夠誕生到世界上，是一件很有福氣的事，卻從來沒想過，生下根本不打算降生人世的孩子，還要他平安長大，對他本人而言，其實是相當辛苦的。

我透過胎內記憶的調查，聽到許多關於靈界的訊息，並深切地體會到，在我們所處的世界，並非每件看似正確的事情都是好事。我這麼說絕對不是要貶低生命的價值，只是想強調肉體並非生命的全部，肉體的死亡絕對不是代表生命的結束。此外，用靈魂的角度看待事物是很重要的。

我聽說有個人的妹妹因為未婚懷孕，在家人的反對下墮胎。但是墮胎之後，妹妹卻一直為這件事苦惱，多年後還是不能釋懷。我告訴他：「你的家人反對，是因為知道你妹妹和她的孩子以後會過得很辛苦吧？萬一妹妹撐不下去，到時候和孩子一起走上絕路，不是更慘嗎？如果當時你們知道媽媽可以和胎兒溝通，或許就有機會確認胎兒的想法，不必走上這條路。但是，當年做的決定也是大家真心替你妹妹著想，經過深思熟慮才得到的結論吧。我認為只要是有愛為基礎，以善意為出發點所做的判斷，應該都不是一無可取吧？」

這番話似乎多少讓當事人，稍微減輕了長年以來的心理負擔。

還有一位女士，她在日本現任皇太子出生的那一天流產了。因此，雖然已經事隔超過五十年了，這位女士每年只要看到皇太子殿下的誕辰報導，還是很後悔，心想：「我對不起肚子裡的寶寶，如果那時候我小心一點就好了……」

的確有些很早就回去靈界的孩子，會對媽媽傳遞「別忘了我喔」、「你要想我喔」的訊息，不過他們的用意並非要媽媽一直自責，而是希望媽媽能過得幸福。

人生是一連串的選擇，每個人一定都曾經為自己做的選擇感到後悔吧。但是，每個人在選擇的當下，應該都是絞盡腦汁，想辦法做出當下覺得最好的選擇。**我想，只要是含有「愛」的選擇，就是最佳選擇**。

我絕對沒有要鼓吹「生命輕如鴻毛」的意思，也不是鼓勵大家墮胎。我只是認為墮胎分為胎兒願意和胎兒不願意兩種，所以我的診所一定會先徵詢胎兒的想法。如果胎兒表示想來到這個世界，我就不會為母親動墮胎手術。我希望打算墮胎的人都能先確定胎兒的想法，最後再做出以愛為出發點的決定。

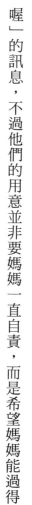

即使遇到特殊狀況，也相信孩子的選擇

流產、胎死腹中，或是生出具有先天性疾病與障礙的寶寶，應該是每個媽媽最大的夢魘吧。雖然隨著醫療技術的進步，早產兒的存活率已經大為提升，但是流產的機率仍維持在10～15％，尚有很大的改善空間。另外，具有先天性疾病與障礙的新生兒也不在少數。

根據胎內記憶的研究，很多孩子都說：「想要早點回天上，或是一出生就帶有疾病與障礙，都是每個人事先下的決定。而且我們會特別挑選能夠接納這個事實的人來當媽媽。」所以，我希望不論孩子的選擇是什麼，做媽媽的都能包容、接受。

有位聽了胎兒的訊息，且歷經「微笑生產」的媽媽說：

「寶寶在我肚子裡的時候，我還不知道有胎內記憶這回事。但是我清楚感受到肚子裡的寶寶有自己的意志，也知道這個孩子自己做了很多決定，包括要不要提早離開人世、要不要一出生就帶有疾病與障礙。我聽其他對胎內記憶還有印象的小朋友也是這麼說，所以我想這是真的。

我確信即使孩子受傷或遇到事故，導致留下後遺症，都是他自己的選擇。所以孩子出生後，我從來都不擔心『萬一孩子遇到危險怎麼辦』。我相信孩子有能力照顧自己，因此我毫無保留地信任孩子的選擇，盡情享受育兒的樂趣，也不會焦慮不安。」

有另外一位媽媽則說：「媽媽如果沒有整理好自己的情緒，出生的寶寶會帶有某些問題，好讓媽媽正視情緒的問題，排出心理的情感毒素。」

「如果媽媽不斷壓抑自己的情緒，過多的壓力為了尋找釋放的管道，可能會使媽媽或是小孩、先生遭遇事故或生病。即使孩子沒有疾病與障礙，也可能很難管教，或有其他讓父母傷腦筋的問題。這麼一來，即使媽媽的忍耐力再強，原本被壓抑的情緒也會不斷爆發出來吧。換句話說，『該來的躲不過』，透過育兒，媽媽總有一天要面對自己的問題。看了許多這樣的例子之後，我不禁覺得有些寶寶天生具有某些障礙與疾病，或許是為了讓媽媽發現自己真正的問題吧。」

調查胎內記憶時，我曾聽孩子說：「我希望媽媽能活出自己，所以才會選擇降生在有障礙的身體。」而且有些生出天生有障礙或疾病的孩子的媽媽也說：「我原本是沒自信的人，但是透過孩子的生理障礙，我終於對自己改觀，真正認識了自己。」「孩子照顧起來特別辛苦，但是多虧這些困難，我才開發了許多以前自己不知道的潛能。」此外，這些媽媽都異口同聲地說：「雖然很辛苦，但是我還是很慶幸有生下這個孩子。」

不論孩子的問題是先天還是後天，只要媽媽相信這些都是為了改變自己所做的安排，不只態度會變得積極樂觀，也會感謝孩子願意為了自己「冒險犯難」。

胎死腹中與流產

不論是胎死腹中或流產，對媽媽而言，都是椎心之痛。

有相遇就有離別，不論相遇多麼令人開心，一旦歸期來到，孩子便一定會離開。對於懷胎與育兒越感到幸福的媽媽，在與孩子離別時，反應可能越激烈。

這與我們在旅途中偶然認識新朋友一樣，如果新朋友和妳很聊得來，分開時妳的失落感會特別強烈。有人或許會說，既然我們已經知道離別的痛苦，是不是乾脆不要認識新朋友算了？既然會面臨胎死腹中與流產的悲劇，不要懷孕是不是比較好呢？當然不是這樣。

孩子出生以後，一天二十四小時與孩子形影不離的媽媽，在孩子進入幼稚園或托兒所的那一刻，首次經歷了離別。但是做家長的不會因為和孩子分開很難過，就把孩子留在家裡吧。雖然分開難免哭哭啼啼，但到放學的時候，就能感受到重逢的喜悅。

體驗離別的痛苦、被悲傷擊倒，都不是嚴重的問題，流淚、傷悲不是壞事。

並非肚子裡的寶寶一定要平安誕生才是有意義的，即使只在媽媽的肚子裡待了短暫的時間，這個過程也是很珍貴的經驗。

等到媽媽有一天能夠坦然接受孩子離開的事實，或者仍然感謝孩子的到來，我想對媽媽而言，即使短暫，這樣的經驗仍會成為無價的珍寶吧。

生產是「育兒過程」的一小步

我想有些即將生產的準媽媽，會很擔心：「萬一生產的狀況不如預期順利，怎麼辦？」

事實上，似乎有不少媽媽對此感到後悔，因為「原本想自然產，卻不得不剖腹」、「原本想餵母奶卻失敗了」等。

可是，不論是生產或育兒，其實都沒有明確的標準答案。

如果妳有中意的生產方式，我想請妳先問自己：**「為什麼我要堅持用這種方式呢？」**對多數的媽媽而言，「平安生產，順利地把小孩拉拔長大，把他培養成能夠獨當一面的大人」應該是為人母的終極目標。以這個目標來看，生產不過是一個過程。希望餵母乳與自然產的人，應該也是基於「對寶寶好」的考量吧。不過，理想的生產方式與育兒方式，應該不是終點。

如果妳的目標是從東京移動到大阪，那麼不論是走路、搭新幹線或飛機、火車都可以，只要能到就好。育兒也一樣，即使用的方式不是妳的第一選擇，但是只要孩子順利長大就可以了。

如果寶寶平安出世是媽媽最大的期望，那麼只要能達到這個目的，即使是用妳原本不考慮的剖腹產，或讓醫療介入，都無傷大雅。孩子要長大成人，第一步是平安出生，所以如果胎死腹中就沒有未來可言了。

也就是說，強烈堅持「生產和育兒絕對不要有人為介入」的媽媽，必須做好足夠的心理準備，不論孩子與自己發生什麼意外，都要概括承受。

把孩子從襁褓中的嬰兒教養成可以獨當一面的大人，是需要耗費十幾年、二十幾年的浩大工程。生產不過是其中一小步，實在沒必要耿耿於懷。滿腦子都是生產，容易讓自己胡思亂想「萬一生產不順利怎麼辦」、「會不會發生什麼問題」，更不妙的是，越往負面想，事情通常越容易往負面發展。

想像十年後、二十年後的未來

為了轉移對生產的過多注意力，請大家想像十年後、二十年後的未來吧。十年後、二十年後，妳和家人會是什麼樣子呢？妳理想中的模樣又是如何呢？

不知道如何想像的人，請先想像妳今天會怎麼做晚餐。做飯絕對不可能「什麼也不想，隨隨便便就煮出一道像樣的料理」。一般人做菜之前，一定會想好要做什麼。妳只要與做菜一樣，先想想接下來的人生會如何發展就可以了。

具體規劃未來的藍圖，便可以聚焦於目標；為了實現這個目標，妳就會開始付

諸行動。把生產當作邁向未來必經的過程，我相信妳一定會很順利的。

天底下沒有完美的媽媽

身為一個媽媽，能順利生產、把孩子養育成人，就是一件很了不起的事。即使生產與育兒的過程不盡理想或有缺失，都很正常。我希望各位即將或打算要生產的媽媽，都能隨時提醒自己這一點。

現在有不少媽媽回顧自己的生產與育兒過程，總會遺憾地想：「當初放棄了○○，本來要做△△也沒做成。」即使是大家公認的好媽媽，受到許多人肯定：「妳真是個好媽媽。」還是有不少人會自我否定：「沒有，我的教育一點也不成功。」

媽媽會這麼容易苛責自己，或許和她當初設定的目標有關。如果達不到自己心目中「完美母親」的標準，便會自責。

不過，根據胎內記憶研究可知：正因為每個人都有缺點，沒有人生來完美，所以人才會來到這個世界，克服自己的問題。據說有位女性記得自己出生前，曾向神明請求，希望自己能夠成為一個完美無缺的人。

「我向神明要求，希望自己可以成為一個內在、外在都完美的人，但神明告訴我，祂在創造人的時候，如果沒有讓他擁有某些缺點，這個人就無法來到人世。我還記得我本來想像自己的外貌會很出眾，但是出生後卻發現自己相貌平平，因此非常驚訝，心想『怎麼會發生這種事』！」

孩子來到世上是為了幫助母親

如果人來到世上是為了把不完美變得完美，那麼孩子就是助大人一臂之力的好幫手。根據胎內記憶的研究，基本上沒有孩子會選擇「完美無缺」的人當媽媽。因為每件事都做得很完美的人，不必透過育兒來促成自我成長，也沒有新事物可學。

寶寶除了想幫助不完美的人變得更好，也會希望自己藉此得到收穫，所以他們會選擇有缺點的人來當媽媽。換句話說，孩子出生到這個世上，表示他所選擇的人就是他心目中最完美的媽媽。

但是很多媽媽對此渾然未覺。她們會以「自己心中的完美媽媽」為範本，動不動就為自己打分數，發現有哪一點做不到，就為自己扣分，覺得自己是不及格的媽媽，甚至可憐自己的孩子。其實這些媽媽應該換個角度思考，告訴自己：**「我已經很完美了，但是還可以更好。」**所以分數不是從一百分往下減，而是從一百分往上加。我相信只要妳回顧過往的人生，就會發現，自己一定有所成長。若能這麼想，媽媽應該能更加享受育兒的樂趣。

擔心自己不夠愛孩子

最近有不少媽媽擔心自己給孩子的愛太少。只要曾經覺得孩子不可愛，甚至動過「寧願沒生孩子」的念頭，有些媽媽就會開始質疑自己：「我真的愛自己的孩子嗎？」

有一次，有位來找我諮詢的媽媽，沉痛地告訴我：「我不愛自己的孩子。我隨時都在想，孩子好煩好吵，如果能不出現在我面前就好了。」而她聽到我的建議：「妳有沒有考慮把孩子送到兒童福利機構，或送給別人養呢？社會上有很多人想要孩子呢。」卻斬釘截鐵地告訴我：「我才不要。」我接著問她：

「如果妳的孩子被車撞死了，妳會有什麼感受？妳會因為孩子不在，感到快樂嗎？」她回答：「這比小孩送給別人更不能接受。」於是我又問她：「如果妳真的不愛孩子，覺得沒有孩子更好，孩子死了不是很好嗎？還是妳嘴上說不愛孩子，其實心裡還是很愛孩子？」最後她想了很久才說：「……我想我大概還是愛孩子吧。」

和這位媽媽深聊我才知道，她來自一個父母沒有給孩子許多關愛的家庭，而且代代如此。聽了她的話，我告訴她：

「我想妳媽媽沒有給妳足夠的愛，是因為她也沒有從她媽媽那裡得到足夠的愛，所以她不知道愛是什麼，不知道要怎麼愛自己的孩子。但是妳媽媽很用心地養育妳，讓妳長大成人，所以她並不是一點都不愛妳。

如果妳對孩子還有愛，哪怕只有一點點，妳要不要主動告訴孩子『媽媽愛你』呢？只要妳願意這麼說，妳的媽媽便會感染到這份幸福，妳家代代的祖先一定會覺得很欣慰吧。」

聽我這麼說，這位媽媽露出如釋重負的表情，開心地對我說：「我回家就試試看。」

「沒有辦法全心全意愛孩子」是許多媽媽的共同煩惱，不過即使媽媽自認感受不到對孩子的愛，但是聽到孩子要被送走，還是不願意，這表示媽媽本能上已做好養育孩子的準備。光是這點就很值得稱讚了。

我相信有些身懷六甲的媽媽會擔心自己不愛即將出生的孩子。其實我希望大家能有這樣的認知：不要認為無論孩子做了什麼，媽媽都應該永遠愛他。有人是等到孩子出生以後，在為他把屎把尿的過程中，才培養出一點一滴的情感，所以即使一開始無法對孩子湧出滿腔的愛意也沒關係。

不論生產過程如何，都當作「微笑生產」吧！

提到生產，有一點我一定要提醒大家：即使生產過程不盡如己意，也請妳把它視為「微笑生產」，因為生產方式沒有標準答案，沒有唯一正解。

有些孩子出生的目的，是為了讓某些希望凡事順己意的媽媽，學會世事難料的道理，了解有些事自己無法掌握。即使生產的過程不是妳的理想選擇，也不代表妳犯錯。

有位經歷「微笑生產」的媽媽曾說：

「有時候生產方式會由寶寶自己來決定，而且寶寶為了做這個決定，甚至可能左右媽媽的意志，或讓身邊的人受到影響。所以我覺得不論媽媽最後用什麼方式生產、發生什麼狀況，都要尊重寶寶的選擇。我經歷了自然產的微笑生產，但這純粹是因為我運氣好。我們不應該就此否定其他生產方式，其實每一種方式都是最好的，都是滿分。媽媽沒必要自責，也不需要怪罪別人，更沒必要耿耿於懷，覺得後悔。」

能夠和肚子裡的寶寶心意相通，歷經「微笑生產」的確很幸運。**但是，即使沒接收到寶寶傳來的隻字片語，也不代表妳吃虧；即使生產使妳吃了很多苦頭，也不是因為妳犯了錯。**

由胎內記憶的調查可知，有些小朋友說人在出生前，會先看看這人世，甚至故意選擇看似很辛苦的人生，因為他們覺得「能夠活得像悲劇主角很厲害」。如果孩子想要的是眼前困難重重，但是只要一一克服就能豁然開朗的人生，那麼他最終還是能走上康莊大道。表面上看來，「沒有問題」是一件好事，但如果有問題發生，說不定孩子的靈魂是很開心的。

覺得自己生產失敗的人，如果能夠克服這次不愉快的經驗，以後就可以用過來

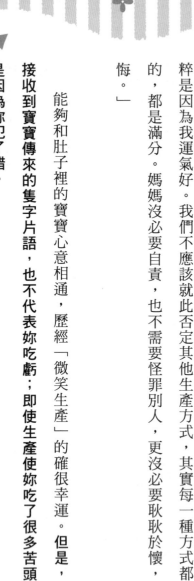

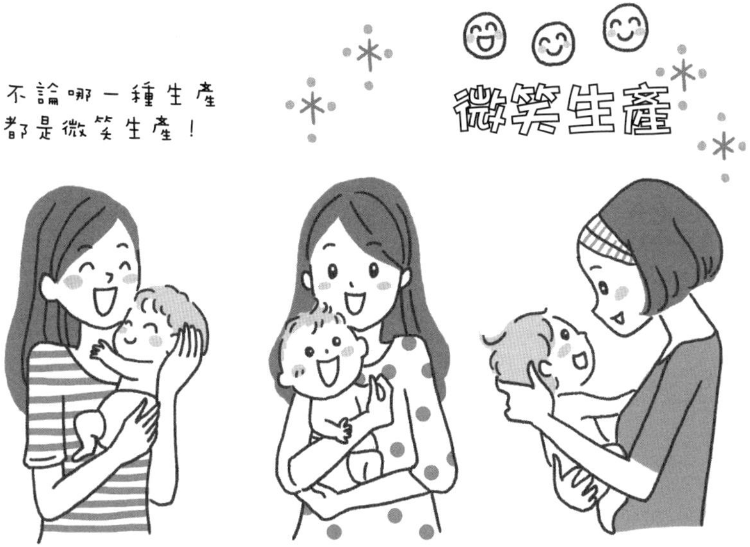

人的身分，鼓勵即將生產的媽媽。有一些事情只有過來人才辦得到，想到自己的痛苦能化為別人的笑容，即使是再慘痛的經歷，也不算毫無價值吧。

「微笑生產」有助於因應產後的變化

所謂的「微笑生產」並不是只要媽媽生下寶寶，就算大功告成。生產雖然是一件大工程，但是接下來媽媽還要迎接一段必需消耗大量體力的日子。**能否因應產後的變化，也是「微笑生產」的一大重點。**

尤其是產後的第一個月，新生兒會不定時哭鬧，連半夜也得隔兩小時餵一次奶，這對媽媽來說是一段片刻不得閒的非常時期。不僅如此，媽媽的身體也會因為急著恢復產前的狀態，而使雌激素和黃體素等荷爾蒙的分泌量大減，容易得到產後憂鬱症。

母體在孕期中，會由胎盤分泌大量的雌激素，但胎盤娩出後便會急速減少。

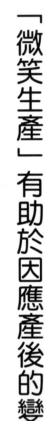

一般來說，卵巢分泌的荷爾蒙是雌二醇（E-2），從胎盤分泌的是雌三醇（E-3）。雌三醇的作用較弱，不過若把懷孕前的E-2分泌量比喻成一棟二十層樓的大廈，懷孕後的E-3分泌量，大約是珠穆朗瑪峰的高度。但是分泌量在懷孕期間達到巔峰的E-3，產後會急速減少，所以身體會出現明顯變化是很正常的。和更年期障礙一樣，產後比較容易得到憂鬱症。

此外，一般的說法是，在產後一個月之內，產婦最好少動多休息，所以很多媽媽都是整天和寶寶形影不離，當然容易心情煩悶。另外，選擇餵母奶的媽媽，可能還有脹奶等乳房護理的問題，所以更容易產生煩惱。

如果能夠順利度過第一個月，大部分的媽媽在往後的日子裡，都能駕輕就熟，充分享受育兒的樂趣。但要注意的是，媽媽的體力如果不足，不只會搞壞身體，也可能罹患產前憂鬱與產後憂鬱。

為了走出產後憂鬱的低潮，不要一個人獨自承受壓力

為了度過這段最辛苦的時期，我建議大家從孕期開始，每天持續做五十下深蹲培養體力。而想要餵母乳的人，最好在生產之前開始，做好乳房護理。

寶寶如果能夠安穩入睡，媽媽就能趁機充分休息，心情便不會如此鬱悶。據說在孩子出生之前，如果媽媽有和寶寶好好溝通，寶寶會很有安全感，不太會哭。反之，如果媽媽在孕期承受很大的壓力，寶寶會察覺到她的情緒，變得愛哭。如果媽媽因此睡眠不足，當然憂鬱指數會有增無減。

這段時期若由媽媽一個人承擔所有的壓力，媽媽可能在受憂鬱症所苦時，把怒氣轉移到孩子身上，有些人甚至會虐待嬰兒。所以我奉勸各位，千萬不要一個人默默承受，能找人幫忙就盡量讓別人分擔吧。

除了家人的支持，也需要社會的支援

在日本，產後的身體調養和新生兒的照顧，過去大多仰賴媽媽的娘家。但是如

今家庭結構已變化，有很多家庭不方便由外公、外婆來照顧孫子。

以前的女性一般在二十幾歲便生下孩子，那時外婆才四十幾歲，還有充沛的體力照顧孫子，但是現代女性的平均生育年齡已經大幅提高，直到六十或七十幾歲才當上爺奶的人比比皆是，而且不少家庭的外婆和外公仍舊在工作。有鑑於此，有人不斷呼籲先生也應該參與育兒工作，但是就現實而言，能夠申請到育嬰假的男性畢竟只是少數。

在孤立無援的情況下，媽媽很難靠自己撐過產後的第一個月。這個問題不是媽媽個人的問題，應該是整個社會都不能忽視的重要問題。雖然和以往相比，行政機關為民服務的範圍的確變廣了，但是我覺得產後支援的配套措施還可以改進。當然，媽媽為了自己的權益，也應該更積極地面對行政機關。

如果身邊有育兒幫手或值得信賴的托育機構，各位媽媽一定要懂得物盡其用。最好在懷孕期間就做功課，向區公所或行政機關諮詢育兒津貼與生育補助的資訊。

以現況而言，除非是重症患者，否則產婦出院後，幾乎沒有醫院會讓產婦再次住院。而助產院的服務範圍基本上都有包括產後護理和衛教。至於我的診所，雖然生產的住院時間只有短短的三天兩夜，但是為了彌補這個問題，我們會提供產婦生產後一個月內不限次數的免費諮詢。

媽媽在產後每天都和寶寶相處，很難免除壓力。所以哪怕只有幾個小時，如果能找到幫自己帶小孩的人，或者利用臨時的托育機構，媽媽就能保有一點自己的時間。有些家庭會由夫妻達成協議，每個星期有一天是由先生來照顧小孩，好讓媽媽利用一天的時間好好休息，或做自己想做的事。如果先生為了工作和家務事，忙得兩頭燒，亦可比照媽媽的方式，在一星期中擁有一天可以完全放鬆的日子。先生如果不想外出，只想留在家裡放空也可以。如果夫妻倆可以從孕期開始，便花時間協調產後的工作分配，當然是最理想的。

媽媽在產後要擔心的事情實在太多了，但是靜下心來想想，已經有無數位媽媽經歷同樣的過程了，不是嗎？隨時提醒自己，即使稍有差錯也沒有關係，是很重要的心理建設。才剛成為家中一分子的寶寶，一定會成為爸媽心目中無可取代的珍寶。請各位抱著享受的心情，一起克服育兒的難關吧。

適時尋求協助

從本書第一頁讀到這裡，各位讀者是否也想體驗什麼是微笑生產呢？

如果想體驗「微笑生產」，請先踏出妳的第一步，在能力範圍內嘗試看看。其實這些嘗試都不難，例如傾聽寶寶要表達什麼、聆聽自己的內心和身體的聲音、消除不安、活動身體……只要有心，隨時都能開始。

如果妳能找到幫手，就再好不過了。先生、外公外婆、兄弟姊妹、有經驗的過來人、助產士、醫生等，只要周圍的人能以「同舟共濟」的心情對待妳，那麼「微笑生產」和妳的距離就會更近一步。

每個人能夠給妳的支援都不盡相同，不過我相信有一件事每個人都辦得到，那

就是對肚子裡的寶寶說話。如果能在講話的同時，把手放在媽媽的肚子上是最好的。有時候，說話者可以感覺到寶寶的動作，這時，記得請說話者告訴妳他的感覺。雖然不是用眼睛看到的，但是能夠感受到生命的存在，相信一定會改變妳的認知與想法吧。

如果有人溫柔對待肚子裡的寶寶，媽媽會覺得自己也得到相同的對待。而且媽媽自己用溫柔的口氣和肚子裡的寶寶說話，自己的情緒更會變得穩定。若情緒能保持穩定，就能減輕懷孕和生產的負擔吧。

外婆和先生如果太過擔心，容易使生產有變數，所以媽媽最好和他們好好溝通，請他們成為自己的精神後盾。畢竟先生和外婆對媽媽而言，是最得力的兩大幫手，關於這點我會在番外篇說明，請外婆和先生讀一讀喔。

媽媽當然會不安，但只要有人願意聆聽與包容，堅定地告訴媽媽：「不會有問題。」便可為媽媽打一劑強心針。

和值得信賴的過來人商量，也是很實際的作法。因為唯有生過小孩的人，才了解懷孕和生產的辛苦。自己的經驗能夠使他人受益，對生過小孩的媽媽來說應該很欣慰吧。

這次出書有許多不吝於與我分享秘訣的朋友，其中有人以微笑生產的Facilitator（推廣者、指導者）身分大力相助，妳如果有生產的問題，應該可以向他們諮詢喔。

另外，如果妳透過本書，確實體驗了「微笑生產」，麻煩妳務必把自己的經驗傳承下去，告訴更多的準媽媽。

只要每一位經歷微笑生產的人都成為微笑生產的推廣者，假設一個人可以推廣給十個人，這十個人再各自把訊息傳遞給十個人……如此擴展下去，「微笑生產」將在日本一百萬的出生人口當中，佔有一席之地，改變大家對生產的認知。這麼做或許不只能夠解決孕婦和媽媽的各種疑難雜症，說不定連日本長久以來的少子化現象也會出現轉機呢。

我衷心期盼各位讀者都能成為「微笑生產」的受益者和支持者，造福社會上更多的孩子和母親。

番外篇 1

請先生讀一讀

你覺得太太變了？請多包容她吧！

恭喜老爺，賀喜夫人！你們家快有小寶寶出生了！

太太懷孕後，隨著胎兒的成長，身心會逐漸變化。相較之下，幾乎毫無變化的先生可能對寶寶即將出生這件事，還沒有真實感。或許有些先生想為太太做點什麼，卻不知道從何做起。我想先告訴各位先生，如果你希望母子均安、家裡的氣氛融洽，那麼先生一定要理解、配合太太。

懷孕的女性在黃體素等荷爾蒙的影響下，容易變得焦慮不安，想法傾向悲觀負面，甚至會看不慣先生的所做所為，動不動就發牢騷。

太太可能會變得反反覆覆，先生不論做什麼都會惹她生氣，先生甚至可能覺得太太和懷孕前判若兩人。無論情況有多離譜，做先生的人請把這當作懷孕特有的反應，多包容太太。先生如果無法理解太太，便容易引發夫妻的爭執與口角，導致家庭氣氛每況愈下。如果先生為了逃避而不想回家，或者因為不喜歡太太嘮叨，所以待在家裡的時候連動都懶得動，只會使情況惡化。其實在懷孕和生產前後種下的心結，常常會演變成日後離婚的原因喔。

遇到有理說不清的情況，請別急著否定太太，先耐下性子聽太太把話講完吧。**如何有限度地包容，並且想辦法化解自己對另一半的不滿，也算是對智慧的考驗吧。**

家人的意義在於彌補彼此的不足

或許在先生眼中，太太有某些行為讓人難以忍受，但是這個世界上沒有人是完美無缺的。夫妻就是要互補，猶如太極陰陽互補成一個圓，夫妻要截長補短，共同生活才有意義。

這就是乍看之下個性天差地遠的兩個人，會結合的原因。如果夫妻兩人的個性都很差勁，只會互相討厭，但如果雙方都是老好人，兩人在一起只會一起被騙。所以先生和太太的個性相反，例如先生很溫柔，太太很兇悍，或者先生的個性有點怪，太太卻很正常等，這樣的組合是最理想的。如果只靠夫妻倆還不能順利互補成一個圓，孩子就會來幫忙。因此，即使太太和孩子的表現不如自己預期，也請先生抱著學習的心態，不要和他們計較吧。

孩子出生後，夫妻倆有段時間勢必面臨兼顧育兒與工作的問題，雖然辛苦是一定的，但請你把它當作自我磨練的機會吧。相信你經過結婚和生子的歷練，耐力和韌性都會更上一層樓，各方面的能力都會有所成長吧，男性魅力也是喔。

讓太太覺得受到肯定，盡量開口讚美她吧！

原本有工作的太太，因為生產在即，可能會辭職或休育嬰假。我想如果夫妻雙方有一方要回歸家庭照顧孩子，應該還是以太太為主吧。要兼顧工作與家庭不容易，所以夫妻兩人有一方選擇回家照顧孩子並不是壞事。不過，突然從工作崗位退下來，有些人可能會產生與社會脫節的疏離感。而且太太從原本熟悉的職場走進家庭，學習當一位全職媽媽，整天都忙著照顧孩子，可能連做家事的時間都沒有。時間一久，有些人難免會感到心灰意冷，心想：「我好落伍、好沒用，和社會脫節了。」

照顧孩子很辛苦，更何況太太是日復一日地忙碌。光憑這點就值得先生為太太拍拍手了，但是，一旦太太的付出被身邊的人視為理所當然，先生也不曾對此表示感謝，太太的信心就有可能受到打擊，心想：「我沒有價值了。」身為她的伴侶，每天生活在同一個屋簷下，先生是唯一能夠重建太太信心的人。所以除了多向太太說幾句好話，也別忘了表達對她的感謝，至於太太沒做好的家事，就睜一隻眼閉一隻眼吧。

說不定太太自己也有很深的挫折感，想著：「怎麼辦？我家事做不好，小孩也照顧不來。」「我真沒用，連媽媽都當不好。」太太會有挫折感，或許是因為她的潛意識認為：「我一定要做得面面俱到，否則得不到認同。」

如果遇到這種情況，先生首先必須肯定太太，別急著否定她。你可以出言鼓勵：「就算不完美，妳已經很棒了。」「妳對自我的要求太高了，這樣只會讓自己辛苦。」

以包容心待人，對方便會感受到你的心意。對先生而言，這是讓你學習何謂「包容」的好機會呀。

如果太太常否定自己，不習慣接受讚美，那麼她一開始聽到你的好話可能會出言反駁。但是只要你多講幾次，她就會逐漸改觀地想：「或許我不是一無是處。」當她的想法轉變，她的人生便會瞬間從黑白轉為彩色。

如果她的想法剛好是在懷孕期間產生變化，必定有助於產程順利進行，或許寶寶也會因此受惠。

先生是否毫無保留地接納太太的想法，對生產的關鍵時刻來說，尤為重要。盡情叫喊、活動身體，可以減輕產婦分娩的負擔，但是若得不到旁人的支持和諒解，太太只能忍耐、忍痛，便會提高產程遲滯的風險。這時，只要先生的一句「妳喜歡怎麼做就怎麼做吧」，即可避免危機。

寶寶出生後，先生再補上兩句：「辛苦妳了，看到寶寶出生，我也覺得好幸福。」「我相信妳沒問題，妳一定辦得到。」只是寥寥數語，即可讓太太提升自信和安全感，這在重要關頭一定派得上用場。

如果生產過程不順利，或是得到事與願違的結果，最痛苦的人是太太。我希望先生能坦然面對這樣的結果，告訴自己「這也是好的經驗」。往好的方面想，或許結果不盡人意，但請把它當作加深夫妻感情的機會，全力支持自己的太太吧。

番外篇 2

請外婆讀一讀

不要讓女兒的不安擴大

對外婆而言，即將出生的寶寶肯定是您期盼已久的寶貝金孫吧。知道自己的女兒懷孕，外婆通常會比任何人都為她開心，但也可能動不動就擔心：「一切都會平安嗎？」「這胎會不會讓女兒生得很辛苦呢？」

縱使心中有再大的不安，我還是要建議您，不要讓女兒察覺到您的擔憂。

本書一再強調，孕婦的不安是造成產程遲滯的重要原因。身為婦產科醫師的我，藉由無數次的臨床經驗體會到，親生母親的言語會對孕婦產生極大影響，甚至造成產程不順。

種種的調查顯示，人對負面情緒的接收程度比正面情緒高許多，而且據說一倍負面的情緒需要五至十倍的正面情緒才能抵銷。即使不考慮這點，荷爾蒙的作祟已使孕婦特別容易不安，所以一句無心的話，也可能在孕婦心中掀起巨浪。

我想外婆是出自對女兒的關心，才會憂慮吧。但是對孩子而言，父母象徵著信賴與關愛，聽到父母說：「我覺得妳做的選擇很不可靠。」孩子可能會很傷心，覺得：「父母不相信我，或許根本不愛我吧。」

一有風吹草動就會擔心，孩子明明沒有開口，卻主動干涉，是父母的天性。但是這些舉動看在孩子眼裡，可能解讀成「媽媽對我做的事就是不放心」。

所以我要拜託您，即使您很擔心女兒的生產，在女兒面前也一定要表現出十足的信心，告訴她「妳一定沒問題」、「有那麼多人在守護妳，別擔心」、「妳是我女兒耶，當然沒問題，我對妳有信心」。無論她做了什麼，都不要口出批評，只是默默地守護、支持，除非女兒主動開口求援。如此一來，女兒一定能感受到親情的力量，覺得很有安全感。安全感可以化解生產的緊張，讓身體保持放鬆，還能促進分泌可幫助生產的荷爾蒙，有助於產程順利。

幫助女兒增加自信吧！

本書介紹了各種「微笑生產」的經驗談。這些媽媽的共通點是信任自己和寶寶，同時和寶寶合作，完成生產。她們能夠達到這點的理由很單純，那就是——願意相信自己，便有辦法相信寶寶。

如果您希望自己的女兒能體驗「微笑生產」，您的第一步是要對她有信心。因為親人的信賴，尤其是來自母親的信任，最能幫助人產生自信。

您的女兒是否太過在意別人對她的評價呢？她是不是為了追求社會的認同，在工作上像個拼命三郎，而且對身邊的人總是付出太多？您有沒有想過「真希望她多愛自己一點」？如果您有這樣的女兒，說不定她正暗自抱著這樣的想法：

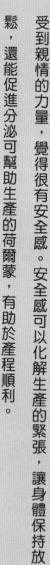

「媽媽從來沒有肯定我，應該不愛我吧。」

或許做外婆的您，忍不住想辯解：「我費盡千辛萬苦才把妳拉拔長大，怎麼會以為我不愛妳呢？」但是要一個人有被愛的感覺，必須達到以下三個條件喔。

1. 感受到他人對自己的包容，知道「只要我人在就好了」。

2. 覺得自己受信賴。

3. 覺得受支持。

這三個條件缺一不可，只要少了其中一個，對方或許就很難感受到您的愛。

另外，如果即將當外婆的您，能夠隨時在女兒的面前展現溫暖的笑容，相信您的女兒一定能感受到您的關愛。請問您經常笑嗎？

就算以前您沒有向孩子表達關愛也沒關係，因為從現在開始也不遲。很多人都藉由生產的機會改善了親子關係，為家庭帶來更多幸福。所以請您從這一刻開始，讓女兒知道您肯定她，多給她一點信心和支持。

只要您的女兒感受到「媽媽肯定我，也很愛我」，她即能賦予生下的寶寶同樣的關愛，讓寶寶充滿自信。這樣對您的金孫而言，這就是外婆送給他的最佳禮物。

結語

讀完本書，請問妳有什麼感想呢？

我從事婦產科醫生的工作，一直在思考如何減少產程遲滯、產後憂鬱和育兒不順，一路努力到現在。世人普遍認為生產是很痛、很辛苦的，而且「生兒育女很辛苦」的說法被多數人視為理所當然。面對生命，不少人抱持「我只要活這一輩子」、「人生沒有意義」的想法，但我在生產的現場發現，這樣的負面思考正是導致產程遲滯的原因。但是，我同時也發現了一群「用微笑迎接生產的人」。

每一次的懷胎都會孕育出一條寶貴的生命，能夠讓生命誕生到這個世界上，是一件非常神秘的奇蹟。身為一位婦產科醫生，接觸孕婦和產婦，是我每天的工作，但我也是聽了孩子的胎內記憶，才深切體認到孕育生命的可貴。

很多人認為生命不過是精子與卵子結合，經過細胞分裂所發育出來的生物體，完全沒有考慮到「靈魂」的存在。不過據胎內記憶的說法，在肉身形成之前，確實有一段靈魂獨立存在的時間。而且一位女性會是許多靈魂的目標，大家都希望投胎當她的孩子，但是能夠投胎到世界上的靈魂，跟一位女性一生的懷孕次數一樣，只有滄海一粟。

另外，一次釋出的三億隻精子中，只有一隻會受精。其他的三億隻精子存在的目的是使那隻幸運的精子，在大家的同心協力下，順利與卵子結合。另外，卵巢有幾百顆不排卵的原始卵胞，但每個月只會排出一顆成熟的卵細胞，準備和精子結合。換句話說，受精的行為是受到無數個死去的精子與卵子的協助，才得以成立。

精子即使在多重的協助下受精，也只有兩成能夠成長為受精卵，成功地懷孕。

而且即使通過「懷孕」這一關，還有10∫15%的機率會因流產慘遭淘汰，甚至撐到最後一關，也有1%的胎兒可能是死產。妳看！我們每個人在順利出生之前，都必須經過如此嚴苛的挑戰啊。

正在閱讀本書的妳，也是在眾多生命的成全下，通過層層關卡才得以誕生的。因此，光是平安出世便是奇蹟了。只要擁有生命，就稱得上是「億」中選一的超級幸運兒。

想到無數個未能如願出世的生命與靈魂，難道我們不應該感謝生命，並且全力以赴地度過每一天嗎？正因為生命是如此珍貴，我希望大家都不要白白浪費。我最大的心願是每個人來到世上，都能努力完成自己的使命，擁有快樂充實的人生。

意識到「靈魂」的存在，妳看待世界的眼光就會改變，生產也是。從這次接受採訪的各位女性身上，我深深體會到她們不只相信自己和寶寶，也相信靈魂具有強大的力量，所以能夠憑著「感受」來生產。她們的體驗顛覆了我們對生產的認知，不但沒有絲毫痛苦，反而很愉快。雖然歷經如此體驗的人很少，但確實存在。對她們而言，「能夠笑著生產」是理所當然的事，所以我才稱之為「微笑生產」。

要達到「微笑生產」，最快的捷徑是重視靈魂與自我內在的相通，不要以「頭腦」思考醫學常識。我絕對沒有蔑視醫學的意思，只是想強調如果純粹從醫學的觀點來看待生產，對靈魂的考量是不足的。也就是說，我們必須相信自己能感受到靈魂的存在。

如果妳能夠像歷經「微笑生產」的媽媽一樣，重視靈魂的聲音，便不會辜負每個孩子的生命，不會讓他們「白走這一趟」，而會讓他們活出閃閃發亮的人生。

話雖如此，即使懷孕的結果不如預期，生命的光輝也不會就此消失。媽媽照樣可以享受人生，只要記得告訴孩子「這個世界很好玩」就行了。接下來，媽媽要先相信自己、愛自己，再把關愛傳給孩子和身邊的人。不論孩子以什麼方式出生，只要能感受到媽媽的愛，就會懂得愛自己、享受生命，活出精彩快樂的人生。

最後我誠摯地希望正在閱讀本書的妳，能夠把「微笑生產」的訊息傳播出去，讓更多人知道。

致謝

我要感謝策劃本書的KADOKAWA出版社的平史繪女士、Liumeis企劃的橋本留美女士，以及接受採訪的清水美裕先生、世野尾麻沙子女士、土橋優子女士、日本子宮委員長Haru小姐、T女士、藤原婦產科的藤原紹生醫生，以及與我分享胎內記憶和生產經驗的每一位女性。

國家圖書館出版品預行編目(CIP)資料

池川明微笑生產筆記 / 池川明作 ; 藍嘉楹譯.
-- 初版. -- 新北市 : 世茂, 2016.06
面 ; 公分. -- (婦幼館 ; 154)

ISBN 978-986-93178-0-1(平裝)

1.懷孕 2.生產 3.分娩

429.12 105007745

婦幼館 154

池川明微笑生產筆記

作　　者 / 池川明
譯　　者 / 藍嘉楹
主　　編 / 陳文君
責任編輯 / 石文穎
出 版 者 / 世茂出版有限公司
地　　址 / (231)新北市新店區民生路19號5樓
電　　話 / (02)2218-3277
傳　　真 / (02)2218-3239（訂書專線）
(02)2218-7539
劃撥帳號 / 19911841
戶　　名 / 世茂出版有限公司
單次郵購總金額未滿500元（含），請加50元掛號費
世茂網站 / www.coolbooks.com.tw
排版製版 / 辰皓國際出版製作有限公司
印　　刷 / 世和彩色印刷股份有限公司
初版一刷 / 2016年6月

I S B N / 978-986-93178-0-1
定　　價 / 280元

黏貼處

電話：(02) 22183277
傳真：(02) 22187539

世茂好書・豐富心靈
世潮精典・智慧同行

廣告回函
北區郵政管理局登記證
北台字第 9 7 0 2 號
免貼郵票

231新北市新店區民生路19號5樓

世茂
世潮 出版有限公司 收
智富

黏貼處

請沿虛線剪下裝訂寄回，謝謝！

讀者回函卡

感謝您購買本書，為了提供您更好的服務，歡迎填妥以下資料並寄回，
我們將定期寄給您最新書訊、優惠通知及活動消息。當然您也可以E-mail：
service@coolbooks.com.tw，提供我們寶貴的建議。

您的資料（請以正楷填寫清楚）

購買書名：________________________________

姓名：______________ 生日：______ 年 ____ 月 ____ 日

性別：□男 □女　E-mail：______________________

住址：□□□ ______ 縣市 ________ 鄉鎮市區 ________ 路街
______ 段 ______ 巷 ______ 弄 ______ 號 ______ 樓

聯絡電話：______________________

職業：□傳播 □資訊 □商 □工 □軍公教 □學生 □其他：______

學歷：□碩士以上 □大學 □專科 □高中 □國中以下

購買地點：□書店 □網路書店 □便利商店 □量販店 □其他：______

購買此書原因：___ ___ ___ ___ ___ ___（請按優先順序填寫）
1封面設計　2價格　3內容　4親友介紹　5廣告宣傳　6其他：______

本書評價：___ 封面設計 1非常滿意 2滿意 3普通 4應改進
___ 內　　容 1非常滿意 2滿意 3普通 4應改進
___ 編　　輯 1非常滿意 2滿意 3普通 4應改進
___ 校　　對 1非常滿意 2滿意 3普通 4應改進
___ 定　　價 1非常滿意 2滿意 3普通 4應改進

給我們的建議：--------------------------------

